Susanne Kleinhenz

Das 21. Jahrhundert ist weiblich

Wer weiß, wer er ist und wohin er will,
hat eine angenehme Reise.

Susanne Kleinhenz

Das 21. Jahrhundert ist weiblich

Weiblich bewegt und erfolgreich in eine neue Zukunft

GABAL
management

Bibliografische Information der Deutschen Bibliothek

Die Deutsche Bibliothek verzeichnet diese Publikation in der Deutschen Nationalbibliografie; detaillierte bibliografische Informationen sind im Internet über http://dnb.ddb.de abrufbar.

ISBN 978-3-89749-667-5

Lektorat: Susanne von Ahn, Hasloh
Umschlaggestaltung: +malsy Kommunikation und Gestaltung, Willich
Satz und Layout: Das Herstellungsbüro, Hamburg | www.buch-herstellungsbuero.de
Druck und Bindung: Aalexx Druck, Großburgwedel

www.gabal-verlag.de
www.gabal-shop.de
www.gabal-ist-ueberall.de

Inhaltsverzeichnis

Ein paar Worte vorweg

Frau sein heute

Frau sein, erfolgreich sein, mit den Männern in einer männlich dominierten Berufswelt streiten, sich nicht die Butter vom Brot nehmen lassen, sich immer wieder behaupten, keine Tränen zeigen, wenn es böse und persönlich verletzend wird, niemals hysterisch oder hart reagieren, und wenn es noch so ungerecht zugeht – um privat dann sanft und weiblich zu sein, adrett auszusehen und in jeder Lage ein freundliches Gesicht zu machen. – Das ist das Leben vieler Frauen, ein Leben zwischen den Stühlen.

Da wünscht man sich schon sehr, dass das kommende Zeitalter ein weibliches sein wird, in dem die Menschen weniger hart kämpfen müssen, sich gegenseitig mehr wertschätzen und unterstützen, kreative Freiräume haben und ganzheitlich leben können. Ein Zeitalter, das Emotionalität und Freude zulässt und weniger Leid bringt.

An dieser Stelle ein ermunternder Hinweis: Sobald Sie beginnen, sich mit dem Thema Weiblichkeit auseinanderzusetzen, wird sich Ihr Leben verändern. Sie werden intuitiv spüren, welche Männer auf Ihrer Seite sind und welche Sie als Bedrohung ansehen und bekämpfen werden, weil sie an einem Frauenbild festhalten wollen, das längst Vergangenheit ist.

Reaktionen der Männerwelt

Ich wurde häufiger gefragt, wie denn der Titel meines Buches laute, und wenn ich dann sagte »Das 21. Jahrhundert ist weiblich«, schlugen mir die unterschiedlichsten Reaktionen entgegen. Ein Mann fragte mich, wie viele Jahre ich denn schon in der Frauenbewegung als Emanze unterwegs sei, und ein anderer, immer an Daten und Fakten interessiert, wollte wissen, wann ich denn glauben würde, dass es so weit sei mit dem weiblichen Zeitalter. Es war seinem Gesicht deutlich anzusehen, dass er in diesem Fall sofort auswandern wollte. Auf meine Antwort, dass das vermutlich noch einige Zeit dauern würde, lachte er siegessicher und meinte: »Na, wenn du dann wiedergeboren wirst – sicher als Mann –, dann hast du wieder den Schwarzen Peter.« Daran erkannte ich, dass sich mancher Mann noch etwas schwertut, die Frau als gleichberechtigtes Wesen zu akzeptieren. Aber Gott sei Dank sind nicht alle so. Ein Dritter reagierte ganz anders. Er atmete tief ein und sagte: »Das wäre gut für alle Menschen.« – Er hatte mein Anliegen wirklich verstanden.

Aus den ersten beiden Aussagen wird klar, dass viele Menschen, wenn sie *männlich* oder *weiblich* hören, sofort annehmen, es ginge um Kampf, besser oder schlechter, gewinnen oder verlieren. Ich meine, es ist an der Zeit, aufzuhören mit diesem ermüdenden und Kraft raubenden Geschlechterkampf und stattdessen einen entspannten, friedfertigen und kooperativen Weg zu ebnen, der für Männer und Frauen Seite an Seite begehbar und komfortabel ist.

Das 21. Jahrhundert bietet uns Frauen eine nie da gewesene Chance auf ein freies und selbstbestimmtes Leben. Weil im Industriezeitalter ein hoher Anteil der Berufe mit körperlicher Kraft verbunden war, hatten unsere Mütter nicht die gleichen Chancen in der Berufswelt wie wir heute. Zahlreiche gut bezahlte Tätigkeiten konnten nur von Männern ausgeführt werden. Noch in den 50er-, 60er- und 70er-Jahren hatten es die Frauen schwerer. Sie waren nicht unabhängig und hatten weniger Chancen, volle Freiheit zu erlangen.

Heute stimmt das Argument der Chancenungleichheit schlichtweg nicht mehr. Die heutigen Berufe sind allesamt solche, die Frauen aufgrund ihrer körperlichen, sozialen und emotionalen Veranlagung genauso gut oder besser verrichten können als Männer. Es geht um Dienstleistungen, Gesundheitswesen, Wissen und Forschung, Vertrieb, Marketing, Consulting etc. Die Entschuldigung, als Frau hätte man es nun mal schwer in dieser Männerwelt, kann und darf so nicht mehr gelten. Sicher, es ist immer noch eine männlich dominierte Welt, aber wir Frauen haben unseren guten Anteil daran, dass es so ist, wie es ist. Es sind schließlich vor allem die Frauen, die Mütter, die die Jungen zu Männern erziehen. Es sind auch die Frauen selbst, die sich lieber mal in den Hintergrund zurückziehen und den starken Mann nach vorne schicken, anstatt um den Posten, den sie haben wollen, zu kämpfen. Aber keine Sorge, »Frauen kommen langsam – aber gewaltig«, wie schon die Sängerin Ina Deter in den 80er-Jahren wusste.

Wenn sich Frauen selbst im Weg stehen

In meinen Trainings und Coachings beklagen sich Frauen oft darüber, dass diese Berufswelt so schwer, ungerecht und hart sei und ihnen immer wieder Begrenzungen aufzeige. Wenn ich dann hinterfrage, wer genau sie bremst, so kommt in 80 Prozent der Fälle die ernüchternde, aber hoffnungsvolle Wahrheit zum Vorschein, dass es gar nicht die bösen Männer sind, die die Frauen nicht nach oben kommen lassen wollen, sondern in erster Linie die Frauen selbst mit ihren inneren Gefängnissen. Jetzt fragen Sie sich vielleicht, was daran hoffnungsvoll ist. Es ist die Tatsache, dass wir nicht die Opfer von äußeren Mächten sind, sondern lediglich die Opfer unserer eigenen inneren Begrenzungen und Mauern. Das Hoffnungsvolle daran ist, dass wir – genauso wie wir sie selbst geschaffen haben – diese Grenzen auch wieder selbst einreißen können. Eine Schranke nach der anderen – bis nichts mehr übrig bleibt von den inneren Gitterstäben. Ob das wehtut? Oh ja – und wie! Aber es lohnt sich. Die Belohnung ist echte innere Freiheit und die Kraft, endlich den eigenen Weg gehen zu können und Möglichkeiten zu entdecken, die bislang in ungeahnter Ferne liegen.

Zeit für die innere Emanzipation

Am Anfang dieses 21. Jahrhunderts geht es in erster Linie um eines: Wir Frauen dürfen lernen, innerlich erfolgreich zu sein. Die Zeit ist reif, der äußeren Emanzipation eine innere folgen zu lassen. Was es dabei zu lernen gibt, sind weibliche Erfolgsstrategien, die unserem Wesen entsprechen, damit wir nicht mehr der zweitbeste Mann, sondern die beste Frau werden, die in uns steckt.

Dieses Buch soll ergründen, woher wir Frauen kommen und wohin wir gehen können. Es soll Wege zeigen, aus den Selbstbeschränkungen herauszukommen, mit denen Frauen so viel häufiger als Männer zu kämpfen haben.

Anhand der biblischen Geschichte, die uns mit ihrer patriarchalisch-einseitigen Sicht auf die Frau unzählige innere Grenzen liefert, und mithilfe der griechischen Mythologie, die uns Lösungswege heraus aus dieser Enge zeigt, werden Problemursachen und Lösungsstrategien klarer. In vielen Geschichten, Beispielen und Übungen wird Ihnen, liebe Leserin, deutlich vor Augen geführt, welcher weibliche Archetyp Ihr stärkster und welcher Ihr schwächster ist, welche Position Sie in Ihrem bisherigen Leben bezogen haben und welche Sie haben möchten oder könnten.

Mit verschiedenen Strategien zur ehrlichen Selbsterforschung erhalten Sie einen emotionalen und praktischen Handwerkskasten, mit dem Sie so gut wie allen zukünftigen Anforderungen Ihres beruflichen und privaten Lebens begegnen können. Indem Sie individuelle Strategien verinnerlichen und sich optimal positionieren, können Sie mit Leichtigkeit und Spaß zu einem beruflich erfolgreichen und vor allem zu einem persönlich erfüllten Leben gelangen.

Was ist ein erfolgreiches Leben?

Erfolg zeigt sich nicht nur in der beruflichen Karriere, sondern vor allem im richtigen Verhältnis zwischen dem erreichten Ergebnis und dem Preis, den jemand dafür bezahlt hat. In erster Linie kommt es mir darauf an, dass Menschen die umfassenden Entwicklungsmöglichkeiten, die ein Leben bietet, ergreifen und Schritt für Schritt durchschreiten.

In den Jahren meiner Tätigkeit als Trainerin in einer männerdominierten Branche (der Finanzdienstleistungsbranche) habe ich gelernt, dass erfolgreiche Männer alles erreicht haben, einfach deshalb, weil sie es gar nicht für möglich gehalten haben, etwas nicht zu erreichen. Es waren letztendlich immer diejenigen erfolgreich, die an ihre Möglichkeiten und ihre eigenen Stärken glaubten – und die bereit waren, einen hohen Einsatz zu riskieren. Es sind bisher noch die Männer, die kompromissloser und bereitwilliger den Preis der Einsamkeit bezahlen, um Erfolge zu erringen, während Frauen, eingebettet in ihre familiären Strukturen, zögerlicher sind und sich weniger zutrauen. Ausnahmen bestätigen natürlich die Regel.

Wenn Frauen ergründen, woher sie kommen, wo ihre Wurzeln liegen, welche guten Vorbilder es gibt und welche kraftvollen weiblichen Strategien diese Vorbilder bieten, werden sie erfolgreich sein. Es sind schon viele Frauen mutige und einzigartige Wege gegangen, und das in Zeiten, die deutlich härter und schwieriger waren, als das heute der Fall ist. Sie werden viele Beispiele verwandter Seelen finden, die Ihnen bereits den Weg ein wenig geebnet haben.

Unbewusstes bewusst machen

Die Frau, die ihre unbewussten Muster kennt und daraus eine bewusste Strategie macht, siegt dort, wo die Unbewusste scheitert. Das Leben wird leichter und freudvoller, wenn Sie die Statistenrolle hinter sich lassen und selbst Regisseurin Ihres Lebensdrehbuchs werden. Wenn Sie sich auf sich selbst besinnen, werden Sie unabhängiger vom Außen. Entwicklung ist das, was wir erleben, wenn wir unser Leben aktiv leben und uns nicht leben lassen. Erfolg hängt vor allem mit der inneren Wirklichkeit zusammen und mit der Fähigkeit, zu erkennen, was von den Dingen, die uns passieren oder die wir erleben, gerade wichtig ist und inwieweit sie für den eigenen Prozess eine Rolle spielen. Es geht darum, eine innere Klarheit und Zielpräzision zu bekommen. Erst wenn die inneren Ziele geklärt sind, ist es sinnvoll, sich über gute Kommunikationsfähigkeiten und Erfolgsstrategien Gedanken zu machen.

Auch in diesem Buch beginnen wir mit der Bestimmung der Ist-Situation. Das erste Geschenk, als Frau geboren zu sein, definiert unseren Archetypus und unsere Position im Leben. C. G. Jungs psychologische Typen und eine bunte Schar großer Heldinnen aus der griechischen Mythologie werden uns hierbei begleiten. Danach betrachten wir das zweite Geschenk, das uns gemacht wurde, unsere Erziehung. In unserer Erziehung liegen die Wurzeln unserer Entwicklung. Wir haben im Erwachsenenalter die Möglichkeit, noch einmal darauf zu sehen und zu entscheiden, welche Gaben aus der Kindheit noch nützlich sind, welche wir an die eigenen Kinder weitergeben können und welche einfach nicht mehr zu gebrauchen sind. Sich dann von dem einen oder anderen »alten Hut« zu trennen, das schafft Bewegung und Freiheit. Im dritten Abschnitt geht es um das Geschenk, das wir uns nur selbst machen können: Selbstbestimmung. Die angebotenen Tools im vierten Abschnitt ermöglichen Ihnen abschließend, ganz spielerisch zu Ihrem persönlichen Erfolg zu kommen.

Sie sehen, es ist ganz einfach, wenn wir erst einmal wissen, was wir wollen, Begrenzungen beiseite schaffen und die geeigneten Werkzeuge richtig handhaben.

Für sich kämpfen, nicht gegen andere

Es geht darum, für sich zu kämpfen und nicht gegen jemand anderen. Es geht darum, sich als Frau auf- und nicht die Männer abzuwerten. Es geht darum, erfolgreich zu sein, sich selbst zu akzeptieren, von dem »Weiblichen« in der Welt genauso zu lernen wie von dem »Männlichen«. Ein Leben, in dem der Mensch damit beschäftigt ist, 50 Prozent der Bevölkerung abzulehnen und zu bekämpfen, ist genauso schwierig und destruktiv wie ein Leben, in dem man von den anderen 50 Prozent abhängig ist. Es geht um Selbstbestimmung, darum, den eigenen Weg zu finden – privat, beruflich und persönlich.

Als Frau geboren:
Mythen und Archetypen

1. Lilith und Eva – das Frauenbild der Bibel

Wer war die erste Frau Adams?

Adams erste Frau war nicht Eva. Wenn wir in der Bibel nachlesen, so steht bei Genesis 1,27-28: *»Und Gott schuf den Menschen zu seinem Bilde; zum Bilde Gottes schuf er ihn, und schuf sie als Mann und Weib. Und Gott segnete sie und sprach zu ihnen: Seid fruchtbar, und mehret euch und füllet die Erde und machet sie euch untertan und herrschet über die Fische im Meer …«* Es steht an dieser Stelle: »… *und machet sie euch untertan und herrschet über die Fische im Meer …«* Man darf also davon ausgehen, dass es Gottes Plan war, Mann und Frau seien gleichberechtigt und herrschten gemeinsam über die Erde, wie es auch in den apokryphen hebräischen Schriften zu lesen ist.

In Genesis 2,18, also nur wenige Verse weiter, heißt es dann: *»Es ist nicht gut, dass der Mensch allein sei; ich will ihm eine Gehilfin machen, die um ihn sei.«* In den Versen 21 bis 23 folgt: » … *da ließ Gott der Herr einen tiefen Schlaf fallen auf den Menschen, und er schlief ein. Und er nahm eine seiner Rippen und schloss die Stelle mit Fleisch. Und Gott der Herr baute ein Weib aus der Rippe, die er vom Menschen nahm, und brachte sie zu ihm. Da sprach der Mensch: Das ist doch Bein von meinem Bein und Fleisch von meinem Fleisch; man wird sie Männin nennen, weil sie vom Manne genommen ist.«*

Zum einen lässt die Beschreibung der zweiten Frau nicht wirklich auf eine selbstbestimmte Zukunft jener Eva hoffen und zum anderen wird sich der aufmerksame Leser fragen, wo denn jetzt die erste Frau Adams aus Genesis 1 geblieben ist.

Im Verschwinden dieser ersten Frau liegt das große Geheimnis wie des Rätsels Lösung für so manche Ambivalenz im Frauenbild der westlichen Welt. Wer war die erste Frau Adams, und was hat sie aus der biblischen Geschichte verbannt? Werfen wir einen Blick in die hebräische Mythologie, in das heilige Buch der Kabbala – den Sohar: Da war Adams erste Frau Lilith, eine geheimnisvolle, verführerische und kraftvolle Frau. Sie fühlte sich Adam gleichberechtigt und zeigte dies, indem sie darauf bestand, beim Sex oben zu liegen. Er wollte sie unterwerfen, schaffte es aber nicht. Im heiligen Buch der Kabbala findet sich folgender Dialog:

> *Adam: »Ich will nicht unter dir liegen, sondern auf dir, weil du verdienst, die Unterlegene zu sein, und ich, der Überlegene zu sein.« Lilith: »Wir sind beide gleich, weil wir beide aus Erde gemacht sind.« Und sie wollten nicht aufeinander hören.*

Sie hatte wesentlich größere Kräfte als er, was es ihm eben auch unmöglich machte, sie zu unterwerfen. Sie war ein geflügeltes Wesen mit dem Freiheitsdrang eines Adlers, der Wut eines Kriegers und der Kompromisslosigkeit eines Samurai. Niemals würde sie sich unterwerfen – noch dazu, wo sie wusste, sie war im Recht. Sie wollte auch nicht über ihm stehen. Sie wollte gleichrangig sein und als gleichberechtigter Mensch behandelt werden. Sie wollte Lust und Leidenschaft, Erfolg und jede Menge Auseinandersetzung. Sie wollte sagen, was sie dachte, sich wehren und vielleicht wollte sie auch unterworfen und besiegt werden, aber eben in einem fairen und lustvollen Kampf zwischen zwei gleichberechtigten Menschen. Das aber konnte Adam nicht leisten und so versuchte er sie mit Gewalt statt mit Lust zu nehmen. Aus Wut und Enttäuschung schwang sie sich mit ihren Flügeln in die Lüfte und entschwand. Da er keine Flügel hatte und ihr nicht folgen konnte, rief er Gott um Hilfe: *»Ich bin von meiner Gehilfin verlassen worden.«* Gott entsandte daraufhin drei Engel, die ihr folgen sollten, um sie zurückzuholen. In der Nähe des Roten Meeres holten sie Lilith ein und befahlen: *»Kehre unverzüglich zu Adam zurück,* *oder wir ertränken dich.«* Doch sie schüttelte ihr feuerrotes Haar und nahm lieber jede noch so grausame Strafe in Kauf, als sich diesem Mann zu unterwerfen.

Lilith – die schwarze Dämonin

Ab hier gehen die Beschreibungen auseinander. Die einen schreiben, sie sei daraufhin in die Tiefe des Roten Meeres verbannt worden, andere, sie habe die Gestalt einer Schlange bekommen und sei so wieder ins Paradies zurückgekehrt. In jedem Fall gilt sie als Höllenweib und Inbegriff der schrankenlosen Lüste. Als eine Frau, die mit wilder Schönheit und eigenen Vorstellungen von Sexualität nur den einen Wunsch hat – nämlich unabhängig und eigenständig neben und mit dem Mann zu leben oder, wenn das nicht geht, eben alleine zu bleiben. Bezeichnend ist, dass der Mythos dieses Streben bestraft mit Kinderlosigkeit und Zuschreibungen wie Todbringerin oder schwarze Dämonin, die Männern nachts erscheint, sie um den Verstand bringt und impotent macht. Die patriarchalische Kultur spaltet hier in brutaler Weise das Frauenbild in die Heilige und die Hure: die sanfte Eva und später die heilige Maria, Frauen, die ohne jegliches Vergnügen oder gar ohne Berührung Kinder empfangen – und die Hure Lilith.

Vielleicht kennen Sie die Situation, als alleinstehende berufstätige Frau auf eine Veranstaltung eingeladen worden zu sein, zu der alle Ihre männlichen Kollegen mit ihren Ehefrauen erscheinen. Sie können die Blicke der Evas auf Sie als personifizierte Lilith spüren, die Mischung aus Angst, Neid und Bewunderung in den Augen dieser Frauen, die sich für die andere, die Eva-Seite der Weiblichkeit entschieden haben. Das ist eine schmerzhafte Erfahrung für die Evas und die Liliths der Moderne.

Lilith und Eva heute

Wie gehen Männer und Frauen heute mit dieser Thematik um? Während für die Frauen diese Spaltung des weiblichen Bildes eine schwere Entweder-oder-Entscheidung bedeutet, begegnen Männer dieser Situation häufig mit einer bequemen Sowohl-als-auch-Lösung. Sie haben die sanfte, gebärfreudige, kinderliebe und den Mann häuslich umsorgende Eva zu Hause und vergnügen sich mit der lustvollen, inbrünstigen Lilith. Lilith begegnet dem Mann entweder als karrierebewusste Kollegin, die er heimlich dafür bewundert, dass sie so ganz anders ist als die treusorgende Ehefrau, oder als rassige Geliebte, die ihn dominiert und von der er sich gerne beherrschen lässt. Männer nutzen hier die Vielfalt, die ihnen geboten wird – während Frauen häufig an ihrer eigenen Ambivalenz leiden. Aber sie leiden nur so lange, wie ihnen diese Ambivalenz nicht bewusst ist. Nachdem Sie diesen Absatz gelesen haben, werden Sie bereits anders mit diesem Thema umgehen. Mit dem Bewusstsein für die Spaltung des weiblichen Prinzips bekommen Sie die Möglichkeit zur Entscheidung für das eine oder andere Frauenbild oder für die Integration beider.

Die Liliths der Neuzeit sind sehr begehrt – nur heiraten will Mann sie nicht. Sie sind selbstbewusst, fahren schicke Cabriolets und stehen im Beruf ihren Mann. Aber wie sieht es mit ihrer weiblich-weichen Seite aus? Darf die leben, oder wird sie gerne ein wenig verdrängt, zugunsten einer männlich-dominanten Seite?

Die Evas der Jetztzeit sind keineswegs mehr so unterwürfig und haben es gelernt, ihrem Adam subtil den Weg zu zeigen und dabei ein gutes Leben zu führen. Da die menschliche Seele abhängig ist von dem, was sie glaubt, und wir die biblische Geschichte nicht verändern können, empfehle ich an dieser Stelle zunächst eine Standortbestimmung dahingehend, sich selbst anzusehen, wie viel Prozent des eigenen Seins der Eva und wie viel der Lilith zuzurechnen sind. Das Bewusstsein davon wird Ihnen schon in einigen Situationen andere Entscheidungsmöglichkeiten geben.

Wer sind Sie, liebe Leserin, Eva oder Lilith?

ÜBUNG

Standortbestimmung – Eva oder Lilith?

Wo würden Sie sich als Gesamtpersönlichkeit eher sehen? Auf der Eva- oder auf der Lilith-Achse? Markieren Sie den Punkt auf der Matrix, wo Sie sich einordnen können.

Lilith

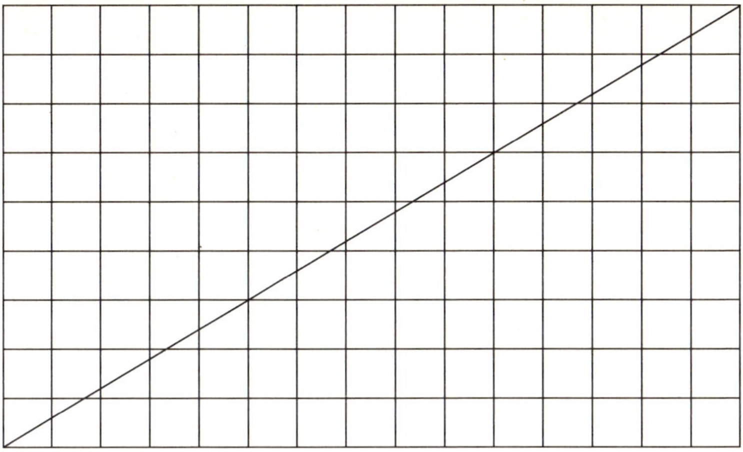

Eva

Halten Sie an dieser Stelle inne und denken Sie über folgende Fragen nach:

Wann lebe ich meinen Lilith-Anteil? ______________________

Wann lebe ich meinen Eva-Anteil? ______________________

Wie ausgewogen sind die beiden? ______________________

Gibt es einen Anteil, der leidet? ______________________

Wenn ja, wann und warum? ______________________

Welchen Anteil lebe ich mehr? ______________________

Welchen Anteil möchte ich mehr leben? ______________________

Wer in meinem beruflichen Umfeld bevorzugt welchen Anteil?

Eva: ________________ Lilith: ______________________

Wer in meinem privaten Umfeld bevorzugt welchen Anteil?

Eva: ________________ Lilith: ______________________

2. Weibliche Erfolgsstrategien aus der griechischen Mythologie

Verlässt man die biblische Schöpfungsgeschichte, die uns letztlich immer wieder zur Ambivalenz von Heiliger und Hure zurückführt, und schaut sich die lebendige und kraftvolle griechische Mythologie an, so eröffnet sich hier der Betrachterin eine weitgefächerte, umfangreiche Aufstellung männlichen und weiblichen Wirkens. Lassen Sie uns die Weisheit, die in diesen Geschichten liegt, in die heutige Zeit übertragen. In diesen bewegenden Mythen können wir ein Instrument zur Selbstidentifikation entdecken und damit erfolgreiche weibliche Strategien umsetzen. Denn in den Geschichten der Griechen finden wir weibliche Strategien für Beruf und Privatleben in kraftvollster und lebendigster Form. Wir wollen uns später folgende Heldinnen und ihre Taten näher anschauen: die starke Medea, die verführerische Circe, die schöne und gewandte Aphrodite, die kreative Muse, die liebesfähige Psyche, die vernunftbetonte Artemis, die kluge Pallas Athene und die mutige Amazone. Werfen wir zunächst einen Blick auf den Ursprung aller griechischen Mythen, auf die große Muttergöttin.

Das Prinzip des weiblichen Urvertrauens – die Muttergöttin Gaia

Die griechische Mythologie beschreibt die Entstehung der Welt als Geburt aus dem Chaos. Die Muttergöttin Gaia bringt aus ihrem Schoß den Himmel mit den Sternen hervor, die Gebirge, die Nymphen, die die Schluchten der Berge bewohnen, und schließlich das Meer und seine tosende Brandung. Sie schenkt den Titanen, den Vorfahren der Götter, das Leben. Es war in dieser Betrachtung also eine Frau, die große Mutter, die das Leben auf die Welt gebracht hat. Sie verkörpert das weibliche Prinzip des Urvertrauens. Sie schafft mit ihrer unendlichen Macht der Liebe aus dem Chaos die Welt. Sie gibt Kraft und Hoffnung für noch so schwierige Situationen. Dieser Mythos macht uns Frauen Mut, hoffnungsvoll auf unsere weiblichen Gaben zu blicken und unbeirrt vorwärtszugehen.

Frauen sind dem Himmel so nah

Gaia trägt die Liebe in sich, sie braucht kein Gegenüber, um liebesfähig zu sein. Betrachtet man die anderen Frauengestalten der griechischen Mythologie, erkennt man bald: Die Macht der Frauen hat sich verändert, weil sie vergessen haben, dass sie die Liebe in sich bergen und niemanden brauchen, um in Liebe zu sein, als sich selbst. Sie tragen nicht nur die Liebe in sich – sondern auch die Leidensfähigkeit, die sie brauchen, um die Liebe auszuhalten. Die Liebe schafft zum einen wohl das größte persönliche Leid und gleichzeitig gibt nur sie die Kraft, dieses Leid zu ertragen.

Die vermeintlich Clevere wird an dieser Stelle sagen, dass man es dann doch besser ganz ließe. Nur, ohne das Heil der Liebe, das sowohl das Unheil des Leides mit sich bringt als auch die Kraft, es zu überwinden und daran zu wachsen, gäbe es keine menschliche Entwicklung.

Mythen und Wirklichkeit

Die großen Mythen spiegeln Wirklichkeit und sie schaffen Wirklichkeit. Wir werden es wohl nie ganz genau wissen, warum sich Frauen und Männer so entwickelt haben, wie wir es heute beobachten können. Einiges jedoch scheint auf der Hand zu liegen: Frauen können größere Schmerzen ertragen. Sie bringen Kinder zur Welt und leiden, wenn sie lieben. Sie sind es, die die Beziehungsarbeit leisten, weil es eher in der Natur der Frauen liegt, intensiver zu fühlen als zu denken. In der Natur der Männer dominieren Denken und Handeln das Gefühl. Aus diesem Grund müssen sie sich manchmal hart zeigen. Wie sonst hätten sie den Schmerz des Abschiedes von ihren Frauen und Kindern sowie die Einsamkeit auf der Jagd und im Krieg aushalten können?! Was damals die Jagd war, ist heute die Karriere. War der Mann während der Jagd unaufmerksam, weil er Liebeskummer hatte, konnte es ihm das Leben kosten. Heute kostet es ihn vielleicht einen Auftrag oder seinen beruflichen Aufstieg. Wer glaubt, nur für Frauen sei die Liebe schwer, täuscht sich. Sie ist eine Himmelsmacht und eine Höllenqual für Mann und Frau. Aber aus welchem anderen Grund sind wir Menschen auf dieser Welt, als um lieben zu lernen.

> *»Es gibt im Leben nur vier Fragen von Bedeutung, Don Octavio:*
> *Was ist heilig?*
> *Woraus besteht der Geist?*
> *Wofür lohnt es sich zu leben?*
> *Und wofür lohnt es sich zu sterben?*
> *Die Antwort ist stets die gleiche: nur die Liebe!«*
>
> aus dem Film »Don Juan de Marco«, 1995

Konzepte schaffen Wirklichkeit

Was ist wirklich, und wie schaffen Menschen ihre ganz persönliche Wirklichkeit? Ist das, was wir sehen, wirklich, oder können wir nur sehen, wofür wir ein Konzept haben? In Peru gibt es einen Stamm weiser Indianer, die angeblich zwischen den Welten wandern können. Fragt man diese Schamanen, wie sie das tun, haben sie eine ganz einfache Erklärung dafür: Sie haben ein Konzept von der anderen Welt und der Möglichkeit, darin zu wandern. Als Kolumbus Amerika eroberte, sagt man, hätten die Indianer seine Schiffe nicht sehen können, weil sie kein Konzept davon hatten. Und genauso verhält es sich auch mit unseren inneren Konzepten. Wir sind nur in der Lage, das zu sehen und zu leben, wovon wir ein Konzept haben. Das heißt zum Beispiel, dass unsere Liebe nur so stark ist wie unser Konzept von der Liebe und die

Chance auf Liebe eben genauso groß wie die Flexibilität unserer Konzepte über die Liebe.

Betrachten wir den Mythos vom griechischen Eros beziehungsweise römischen Amor. Das Konzept von Eros schwingt in der Mythologie von Anbeginn mit. Eros, als leibliche Leidenschaft, ist als Konzept bereits vorhanden – und lebt in Gaia, als sie aus sich heraus die Erde gebiert. Was war also vorher da? Die Liebe oder die Idee von der Liebe? Nehmen wir einmal an, es wäre die Idee – das Konzept. Wenn Sie sich mit dieser Idee anfreunden, wird es Ihnen besser gelingen, Gestalterin Ihres Lebens zu werden. Wie? Ganz einfach, indem Sie Ihre Konzepte ändern und so gestalten, dass sie Sie unterstützen, das zu erreichen, was Sie erreichen wollen. Später erst in der griechischen Geschichte, als Zeus, seine Götter, Halbgötter und Sterbliche den Olymp kultivieren, wird das Urkonzept von Eros auf die Welt gebracht. Als Sohn der sinnlichen Liebesgöttin Aphrodite und des Kriegsgottes Ares.

Halten wir drei Dinge fest:

1. Entstehen kann nur, was vorher als Konzept vorhanden war.
2. Eros ist eine Mischung aus körperlicher Liebe und kriegerischer Gewalt.
3. Daraus ergibt sich, dass Menschen auf das Gefühl »Liebe« manchmal mit Angst reagieren.

Der Liebe nicht zuträglich – die menschliche Ungeduld

Leider werden Menschen, wenn es um göttliche Liebe geht, anstelle mit göttlicher Geduld mit dem menschlichen Muster von Flucht und Angriff ausgestattet. Was tun sie also gerne, sobald Ambivalenzen oder Dissonanzen auftreten? Sie laufen weg oder greifen den anderen an, damit er wegläuft. Das häufige Resultat: zu frühe Trennung, Tränen, Verbitterung und die Wiederholung des ähnlichen Musters in der nächsten Beziehung.

Das Tragischste daran ist, dass das Potenzial der Entwicklung jedes Einzelnen und der beiden gemeinsam bei einer verfrühten Trennung nicht ausgeschöpft und wichtige Chancen vertan werden. Nun kann man sich sagen: »Was soll's, was wichtig ist, kommt wieder.« Mit Mitte zwanzig sicher eine vertretbare Einstellung, ab dreißig tut's schon mehr weh und mit vierzig ist man dann endlich so weit, sich dem eigenen Innern zuzuwenden – jenseits von Eitelkeiten und narzisstischen Spielchen. Sobald der Mensch in eine Phase seines Lebens tritt, in der das Äußerliche an Attraktivität verliert, wird Platz frei für den inneren Prozess. Er wird erwachsen, indem er reflektiert und anfängt, die Liebe jenseits der romantischen Verklärung zu begreifen.

Also achten Sie darauf, dass sowohl das Vorhandensein von Liebe ein Konzept ist als auch die Abwesenheit von Liebe. Und wenn Konzepte Wirklichkeit werden, dann liegt es in Ihrer Hand, das Konzept zu entwickeln, das Sie glücklich macht.

Das Gaia-Konzept der Liebe in der heutigen Welt

Spürt eine Frau, dass sie sich der Liebe öffnen will, dann wählt sie einen Mann aus, dem sie das Geschenk der Liebe machen möchte. Es ist die Frau, die auswählt, und der Mann, der dieser Liebe eine Form gibt. Er ist das Gefäß. Sie der Inhalt. So gestalten beide ihre Liebe gemeinsam. Indem er der Liebe die Form gibt, kann er sein Freiheitsbedürfnis als Ausdruck von Nähe und Distanz weiterleben, das für ihn existenziell wichtiger ist als für sie. Da sie die Liebe in sich trägt, kann sie sich ganz und gar fallen lassen, ohne abhängig zu werden.

Frauen haben mehr Liebe in sich als Männer. Zu lieben und sich mit der Liebe zu beschäftigen ist ihnen mehr gegeben als Männern. Sie geben einem Mann gerne ihre Liebe, aber sie erlangen ihre Liebesfähigkeit nicht durch den Mann – sehr wohl aber der Mann durch die Frau. Dies sollten sich viele Frauen wieder ins Bewusstsein rufen. Sobald eine Frau weiß, dass sie nicht vom Mann abhängig ist, um zu lieben, kann sie bessere Entscheidungen für ihr Leben treffen.

Nur was fließt, kann sich entwickeln

Die Energie folgt der Aufmerksamkeit. Wird aus Angst vor Verlust, Schmerz oder Schuld ein Problem herbeigeredet oder aus der täglichen Kommunikation ausgeblendet, erhält es ein zu großes Gewicht und wird dadurch zur Bedrohung. Werden vermutete Erwartungen des anderen heraufbeschworen, entstehen Missverständnisse und Angst. Wird etwa über sexuelle Wünsche, Erwartungen und auch Enttäuschungen nicht geredet oder die Sexualität an sich tabuisiert, gewinnt sie einen überhöhten Stellenwert.

Leichtigkeit entsteht, indem wir den Zauber des Augenblicks genießen, ohne Angst unser Vertrauen verschenken und lieben, als seien wir nie verletzt worden. Ganz gleich, wie belastet eine Wirklichkeit auch sein mag, das Feld zweier sich liebender Menschen birgt die Chancen und die Kraft, neue Realitäten zu schaffen.

Die Lehre von C. G. Jung – ein Instrument zur Typologisierung im Überblick

Der Psychoanalytiker Carl Gustav Jung hat menschliches Verhalten untersucht und eine hilfreiche Typologie aufgestellt. Mit der Hilfe von C. G. Jungs Typologisierung gelingt es, die acht mythischen Figuren Medea, Circe, Aphrodite, Muse, Psyche, Artemis, Pallas Athene und Amazone in ein anschauliches Raster einzuordnen. Die acht Heldinnen, alle Nachfahren der Muttergöttin Gaia, können uns helfen, eigene Verhaltensmuster zu entdecken und einen klareren Blick auf unser Leben zu werfen. Die folgenden Geschichten dienen als Metaphern der psychologischen Betrachtung und erheben nicht den Anspruch einer vollständigen Abbildung der griechischen Mythologie.

Die Menschentypen nach C. G. Jung

C. G. Jung unterscheidet in seinem Werk – vereinfacht gesprochen – zwischen extravertierten und introvertierten sowie zwischen denkenden und fühlenden Menschen. Unter dem extravertierten Typus versteht er jemanden, der es liebt, in der Öffentlichkeit zu stehen. Der Extravertierte ist gesprächig, gesellig, ausdrucksstark und sehr nach außen orientiert, teilt sich gerne mit und braucht die Gesellschaft anderer Menschen. Der Introvertierte hingegen liebt es, alleine für sich zu sein. Er beobachtet eher, ist konzentriert, reserviert und vorsichtig. Er fühlt sich wohler in kleinen Gruppen oder alleine. Der Denktypus macht seine Entscheidungen an der Sache, dem Ergebnis oder Ziel fest. Er ist dabei willensstark und kopfgesteuert. Der Fühltypus hingegen trifft seine Entscheidungen anhand von Beziehungen und Interaktionen. Er ist emotional involviert und eher bauchgesteuert. Diese Typen kommen real nicht in Reinform vor, sondern in unterschiedlichen Ausprägungen und Kombinationen.

Die Elemente der Persönlichkeitstypen

Lebendig werden diese Typenmuster, indem wir den Richtungen noch Elemente zuschreiben, die ihrer Bestimmung entsprehen:

- Der extravertierte Denktypus hat das Element des Feuers, das eine große Macht und Kraft besitzt, sich selbst und andere zu verbrennen.
- Dem extravertierten Fühltypus gehört das Luft-Element Sonne. Sonne und Luft erzeugen Wärme, Leichtigkeit und Tempo.
- Dem introvertierten Fühltypus entspricht das Element Erde. Dieses Element zeigt Verbundenheit mit den Wurzeln, Geborgenheit und Harmonie.
- Der introvertierte Denktypus gehört zum Element Wasser. Das Wasser spiegelt dessen kühle, manchmal langsame, aber sehr bestimmte Art, ein Ziel zu erreichen.

Die folgende Tabelle zeigt eine Zusammenfassung dieser subjektiven Wirklichkeit. Die Vereinfachung dient der leichteren Wiedererkennung und Umsetzung. Keine Typologisierung kann dem wirklichen Facettenreichtum eines Menschen gerecht werden. Die vier Grundrichtungen helfen, die anschließend beschriebenen acht mythologischen Frauenfiguren greifbar zu machen und erfolgreiche Verhaltensweisen abzuleiten.

Die Persönlichkeitskategorien nach C. G. Jung			
Typus	**Element**	**positive Eigenschaften (+)**	**negative Eigenschaften (–)**
Extravertiertes Denken	Feuer	wetteifrig fordernd entschieden zielbewusst willensstark	konkurrierend aggressiv beherrschend arrogant intolerant
Extravertiertes Fühlen	Luft/Sonne	kommunikativ dynamisch demonstrativ enthusiastisch ausdrucksstark	indiskret hektisch extravagant hysterisch dramatisch
Introvertiertes Fühlen	Erde	sozial achtsam ermutigend mitfühlend ruhig	fügsam vertrauensselig stur manipulierbar unauffällig
Introvertiertes Denken	Wasser	vorsichtig genau besonnen fragend analytisch	langsam kalt misstrauisch unentschlossen reserviert

Das im Folgenden ausführlich behandelte Mythenrad gibt zunächst einen Überblick über die Eigenschaften der verschiedenen Figuren. Sie, liebe Leserin, werden nach der Lektüre der acht Frauenschicksale in der Lage sein, sich selbst zuzuordnen, und daraus Ihre persönlichen Strategien ableiten können.

Das weibliche Mythenrad und seine Übertragung in die Moderne

Im Anschluss wollen wir nun acht bekannte Frauengestalten der griechischen Mythologie näher betrachten: Medea – Circe – Aphrodite – Muse – Psyche – Artemis – Pallas Athene – Amazone. Dabei bedienen wir uns C. G. Jungs Typologie. Folgende Kriterien werden beleuchtet:

- Wesen
- Archetyp in der Moderne
- Motiv des Lebens / Werte und Ziele
- Angst
- Schatten
- Gefühlslage
- Positionierung im Leben
- Karrierechancen und Karrierefallen
- Chancen / Fallen für privates Glück

Wenn Sie das nebenstehend abgebildete Typenrad ansehen, erfahren Sie, welcher Typ Ihnen am ehesten entspricht. Die acht Typen werden der Reihe nach beschrieben, sodass Sie in der Lage sind, Ihre eigenen Stärken und Schwächen zu erkennen, und sich auf einer Seite des Rades positionieren können. Vielleicht schwanken Sie zwischen zwei Frauengestalten, oder Sie wollen sich ausprobieren. Mit dem Rad können Sie beliebig spielen, es dient Ihnen als Instrument zur Selbstidentifizierung.

Einige Tipps:

1. Lesen Sie zunächst alle Mythen durch.
2. Entscheiden Sie danach, welcher Typus Ihrem eigenen am ehesten entspricht und welcher Ihnen am besten gefällt.
3. Nutzen Sie das Mythenrad und die nachstehenden Tabellen, um sich selbst einzuordnen.

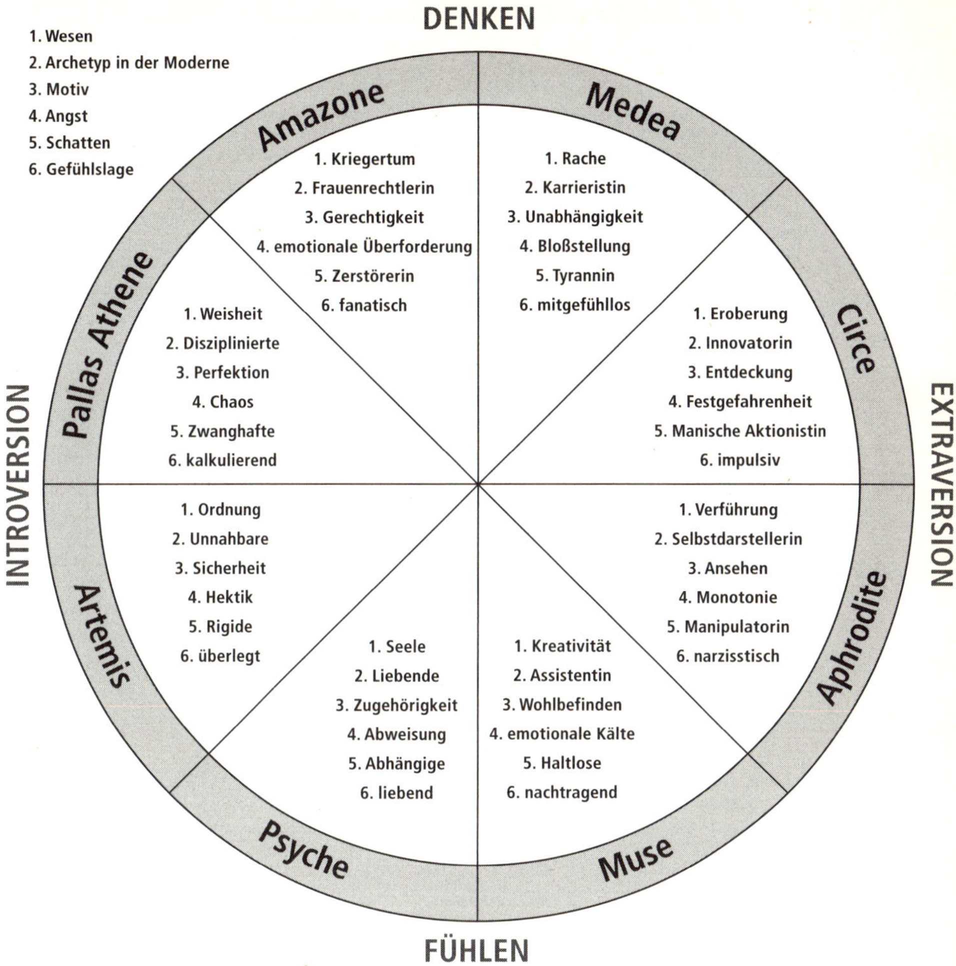

Die Kraft der Medea

Der Mythos

Medea ist die kluge und starke, mit Zauberkräften versehene Tochter eines Barbarenkönigs. Sie ist eine hoffnungsvolle und mächtige Frau in den besten Jahren, als sie von den Göttern auserwählt wird, dem vertriebenen Königssohn Jason zu helfen, das rettende goldene Vlies zu erlangen.

Um das Heil bringende Goldene Vlies zu erringen, muss Jason schier unlösbare Rätsel und Aufgaben lösen. Er ist nahe daran zu scheitern. Doch es gibt eine Frau, die ihm helfen kann – Medea. Aber wie soll er so eine Frau für seine Interessen gewinnen? Wie im alten Griechenland in solchen Fällen üblich, bittet man Eros, sie mit seinem giftig-süßen Pfeil der Liebe gefügig zu machen. Sie entbrennt, nachdem sie von dessen Pfeil getroffen wurde, wirklich in Liebe zu Jason und hilft ihm. Aber erst – denn sie ist auch eine berechnende Frau – nachdem er ihr die Ehe und ewige Treue geschworen hat.

Sie ist es letztendlich, die dann für ihn die Ungeheuer besiegt und ihm ermöglicht, das goldene Vlies zu bekommen. Es ist ihm durchaus klar, dass er alleine mit ihrer Hilfe alle Aufgaben bravourös lösen kann – und vielleicht empfindet er auch ein wenig Liebe für sie. Auf jeden Fall hält er sein Versprechen und nimmt Medea später zur Frau. Zehn Jahre lang eilt er daraufhin mit dieser klugen Frau an seiner Seite in seiner Heimat von Erfolg zu Erfolg.

Sie fügt sich in ihre weibliche Rolle und gebiert ihm Kinder – und man könnte sagen, sie sind eine Zeit lang glücklich. Aber wie so oft darf auch in dieser Geschichte die Frau nicht straflos stärker sein als der Mann. Es folgt, was folgen muss. Es kommt eine junge, schwächere und wahrscheinlich sanfte und anlehnungsbedürftige Frau mit Namen Glauke, die in aller Unschuld das Schicksal aller Beteiligten beschließt. Jason betrügt seine Frau mit der jüngeren, weitaus weniger kraftvollen, aber lieblicheren Frau. Und nicht nur das, er will die Trennung, um die andere heiraten zu können. Das ist sein Fehler. Damit ruft er in Medea den mächtigen, Unheil bringenden Schatten der Herrscherin auf den Plan. Medea, eine in der Seele zutiefst gekränkte Frau, der Schmach angetan wurde, greift zum Einzigen, was ihr aus ihrer Sicht bleibt: Rache. Sie willigt zum Schein in die Trennung ein und schickt der Nebenbuhlerin ein prächtiges Hochzeitskleid. Als Glauke dieses Kleid anzieht, geht es in Flammen auf und reißt sie, ihren Vater und einen Großteil der Hochzeitsgesellschaft in den grausamen Feuertod. Das aber ist noch nicht genug für den verletzen Stolz Medeas.

Sie tötet die Kinder des geliebten Mannes – ihre eigenen Kinder, jedes Mitgefühl in sich unterdrückend. Sie handelt bei klarem Bewusstsein. Jason selbst verschont sie – doch er überwindet diesen Schmerz nie und stirbt bald an einem selbst verursachten Unfall. Medea jedoch geht unbeirrt weiter ihren Weg und gewinnt in ihrem Heimatreich die Königswürde. Sie gilt allen Zeiten als große und mächtige Zauberin. Beachtlich ist, dass sie auf ihrem Heimweg Herakles heilt, nachdem er – vom Wahn verblendet – seine Kinder getötet hat.

> *»Weinen muss ich, denke ich daran, was ich jetzt tun muss:*
> *Töten muss ich die eigenen Kinder!*
> *Niemand kann sie retten. Und wenn ich dann*
> *Jasons Geschlecht vernichtet habe, dann treibt mich*
> *der Mord an meinem Liebsten aus dem Land …*
> *Die Kinder, die ich selber ihm gebar,*
> *sieht lebend er nicht wieder. Und die neue Braut*
> *gebiert ihm keine neuen, weil sie sterben wird.«*
>
> Ovid, »Metamorphosen«

Die Medea der Moderne

Die Taten der Medea sollen uns hier, wie alle weiteren folgenden Mythen, als Metapher dienen. Die alten Griechen waren in ihren Beschreibungen sehr drastisch und geben uns damit greifbare Modelle menschlichen Fühlens, Denkens und Handelns. Wir wollen uns diese Handlungen als psychologische Botschaften ansehen, die symbolischen Bedeutungen herausarbeiten und sie für unseren Business- und Lebenskontext nutzbar machen. Die moderne Medea ist eine Frau, die mit größter Kraft und Willensstärke, analytischem Verstand und absoluter Kompromisslosigkeit vorgeht. Sie erscheint sehr viel leidenschaftlicher als mitfühlend. Sie ist egozentriert, jedoch umgänglich, solange andere fair mit ihr umgehen. – Aber hüte sich vor ihr, wer sie betrügt. Sie wird alles mit gleicher oder höherer Münze heimzahlen. Sie hat sehr starke, sehr männliche Energien. Sie ist unbeirrbar, fragt nicht viel und handelt schnell, klar, mutig. Sie ist die Unternehmerin, die weiß, was sie kann und was sie wert ist. Sie hat vermutlich einen strengen Vater, der ihr früh gezeigt hat, dass das weiche, schwache weibliche Element eher gefährdet ist in einer von Männern beherrschten Welt. Medea legt Wert auf eine gute Ausbildung, schließt Kooperationen mit Menschen, die ihr weiterhelfen, und vernichtet diejenigen, die ihr schaden wollen.

Motiv des Lebens / Werte und Ziele Das Motiv der Medea ist der eigene Erfolg. Sie will Macht, Eigenständigkeit – und die anderen sollen es sehen und ihr huldigen. Sie braucht Anerkennung und wird einiges dafür tun. Ihr Element ist das Feuer. Sie kann, wenn sie bewusst eine Richtung einschlägt, eine große, erfolgreiche Unternehmerin und sonst sehr erfolgreiche starke Frau werden.

Angst Ihre Angst ist der Kontrollverlust und die Schmach, »das Gesicht zu verlieren«. Sie erträgt es nicht, keine Ergebnisse zu erzielen, zu verlieren oder betrogen zu werden. Wird ihr das angetan, sind ihre Wut und ihr Bedürfnis nach Rache bedeutend größer als bei jeder anderen Frau – abgesehen von der Amazone. Da Medea enorm leidenschaftlich, dabei aber wenig mitfühlend ist, wird es schwer für sie, sich zu mäßigen und zu verzeihen, wenn man sie verletzt hat.

Schatten Die Schattengestalt dieser großen Herrscherin ist die wütende Tyrannin, die rücksichtslos ihren Weg geht. Sie achtet dabei nicht auf ihre Gesundheit oder ihre sozialen Kontakte. Die Tat der Medea, ihre eigenen Kinder zu töten, um das Geschlecht des Mannes, der sie verletzt hat, zu vernichten, ist das Symbol für die völlige Außerachtlassung des eigenen Schmerzes, wenn es darum geht, eine persönliche Sache zu Ende zu bringen. Auch die Medea der Moderne achtet in keiner Weise auf den Preis, den sie für ihren Erfolg bezahlen muss. Diese feurige Medea-Energie versetzt eine Frau in die Lage, sich für eine persönliche Sache völlig zu vergessen und alles, aber wirklich alles, dafür hinten anzustellen. Seien es der Partner, Freunde oder auch die eigene Gesundheit. Wenn sie etwas will, dann tut sie alles, um es zu bekommen.

Gefühlslage Medea ist keine warme und weiche Fühlerin, sondern in den Kategorien C. G. Jungs gehört sie dem extravertierten Denktypus an, ihre Qualität liegt im analytischen Denken. Das introvertierte

Nachfühlen und Hineinfühlen ist nicht ihre Sache. Sie hat wenig Lust, sich auf Gefühle einzulassen. Wenn sie etwas fühlt, dann in erster Linie Wut. Sie versucht das Leben logisch zu erklären. Ihr Abwehrmechanismus Nummer eins ist die Rationalisierung. Sie wird das Positive an jeder Situation suchen und sich die Vorteile vor Augen führen. Wenn sie in eine schwierige Lage gerät, denkt sie kurz nach, was zu tun ist, und dann handelt sie – nicht selten falsch, aber sie sagt sich: »Lieber eine falsche Entscheidung treffen als gar keine.« Ihr größtes Defizit ist, dass sie keine Liebe geben kann, ohne eine Gegenleistung dafür zu erwarten. Sie gibt niemals, ohne vorher einen Vertrag geschlossen zu haben. So hilft sie auch Jason erst, nachdem er ihr zugesagt hat, sie zu heiraten.

Position im Leben

Ihr Platz im Leben ist eher im Beruf als zu Hause. Sie liebt den Ruhm und will in der ersten Reihe stehen. Es liegt ihr nicht, die zweite Geige zu spielen oder die liebende Ehefrau im Hintergrund zu sein. Tut sie es dennoch, kann das böse ausgehen.

Karrierechancen und Karrierefallen

Durch ihre hohe Energie und die Fähigkeit, sich selbst und ihre emotionalen Bedürfnisse zurückzunehmen, hat sie sehr gute Karrierechancen in allen Bereichen, wo es darauf ankommt, sich zu messen und sich im Wettbewerb mit anderen zu beweisen – etwa im Vertrieb. Sie kann einen Herakles heilen, der im Wahn seine Kinder getötet hat, aber sie schafft es nicht, ihre eigenen Gefühle zu besänftigen.

Chancen / Fallen für privates Glück

Die größte Stärke dieses Typs ist auch seine größte Schwäche. Die Kraft Medeas, voranzugehen, unerbittlich, dynamisch, ohne nach rechts oder links zu sehen, ermöglicht ihr zwar eine schnelle und erfolgreiche Karriere, kann sich aber negativ auf ihre Gesundheit und ihr Privatleben auswirken. Der Feuertyp der Medea achtet kaum auf die eigenen Gefühle und schon gar nicht auf diejenigen anderer. Er geht darüber hinweg. Medeas Ziele sind Erfolg, Unabhängigkeit und Ruhm. Begegnet ihr nun ein Mann und Eros steht mit seinem Liebespfeil in der Nähe, beginnen für sie die Probleme. Sobald sie aus ihrem analytischen, kontrollierbaren Leben gerissen wird, fängt sie an zu schwimmen. Häufig rettet sich diese Frau vor den Irrungen und Wirrungen der eigenen Gefühle dadurch, dass sie Männern, die sie wirklich lieben könnte, aus dem Weg geht und sich lieber mit »ungefährlicheren« Liebhabern begnügt oder einen »guten Freund« heiratet, der ihr auf der Gefühlsebene nicht zu nahe kommt. Der reine Feuertyp braucht die Nähe und Geborgenheit eines Mannes nicht wirklich. Sehr wohl aber die Unterstützung derjenigen, die mächtiger sind als sie, um sich ihrer Macht zu bedienen und selbst an die Spitze zu gelangen. Cleopatra war ein Paradebeispiel dieses Typs.

Hätte Eros Medea nicht mit seinem Zauberpfeil verwundet, hätte sie sich Jason niemals freiwillig hingegeben. Dieser Frauentyp fürchtet mehr als alles andere, sich in die emotionale Abhängigkeit eines Mannes zu begeben.

Die Medea im Überblick	
Element:	Feuer
Innere Stimme:	»Lass dir niemals etwas gefallen.«
Antrieb:	Rache
Oberstes Ziel:	Dominanz, Unabhängigkeit
Persönliche Ausprägungen:	Ungeduld, hohe Energie, Tatkraft
Stärken:	Fähigkeit, Aufgaben effektiv zu erledigen, Charakterstärke, Hartnäckigkeit, Tempo
Fallen / Vorannahmen:	»Nur ich alleine kann es schaffen, die anderen wollen mir eher schaden als nutzen.«
Konfliktpotenzial:	wenn sie betrogen oder hintergangen wird, wenn sie keine Ergebnisse sieht
Reaktion auf Druck:	kriegerisch, aggressiv, aufsässig
Natürliche Erfolgsstrategien:	Sie ist absolut klar in ihren Zielen. Sie bereitet sich präzise vor. Sie weiß genau, welchen Preis sie zahlen will. Sie kennt keine Ausreden. Sie tritt sehr klar und entschieden auf. Sie zögert niemals. Sie nutzt ihre Ungeduld, um den Verhandlungspartner unter Druck zu setzen. Sie ist schneller als jeder andere und baut damit Druck auf. Sie weiß, was ihre beste und ihre schlechteste Alternative ist.
Zu lernende Strategien:	Geben Sie dem anderen eine Chance. Hören Sie effektiv zu. Schulen Sie Ihr Einfühlungsvermögen. Zeigen Sie Mitgefühl, indem Sie sich in die Lage des anderen versetzen. Trauen Sie sich, Gefühle und Schwäche zuzulassen.

Die Verführungskraft der Circe

Der Mythos

Circe, schöne Nymphe und Tochter des Sonnengottes, lebt und herrscht auf einer Insel. Ihr Leben ist unbeschwert. Ihr Wesen wird von Sonne und Feuer geprägt. Sie liebt es, wilde Tiere auf ihre Art zu züchten und zu bändigen.

Eines Tages verschlägt es Odysseus und seine Gefährten auf ihre Insel. Sie bewirtet die Seeleute zunächst mit leckeren Speisen, doch bald, aus einer Laune heraus, verzaubert sie sie in Schweine und sperrt sie in einen Stall zu den anderen Tieren.

Hermes, der Götterbote, warnt Odysseus, der seine Männer sucht, vor der Zauberin Circe. Er gibt ihm ein Gegenkraut gegen ihren Zauber. So ausgerüstet, klopft er an ihre Tür. Circe empfängt ihn und lässt ihn gerne eintreten. Insgeheim freut sie sich, das gleiche Spiel mit ihm zu spielen, das sie so gut beherrscht. Doch der Zauber ist gebannt und es gelingt ihr nicht, ihn zu verwandeln. Sie fühlt sich von Odysseus durchschaut und greift zu einer neuen List – ihrem Charme. Dieser Zauber verfehlt die geplante Wirkung und wendet sich stattdessen gegen sie selbst. Sie verliebt sich heftig in den Seefahrer. Ohne Zauberkraft, mit der Macht ihres Herzens und ihrer Anmut, verführt sie Odysseus. Sie verwandelt seine Männer zurück in Menschen, weil sie seine Trauer über den Verlust nicht ertragen kann. Sie verleben ein Jahr in Lust und Liebe miteinander. Dann erinnert sich Odysseus daran, dass noch wichtige Aufgaben auf ihn warten. Vielleicht erinnert er sich auch daran, dass sein treues Weib Penelope zu Hause auf ihn wartet. Schweren Herzens bricht er auf und verlässt Circe. Weinend lässt sie ihn ziehen. Vielleicht ist sie dabei aber auch ein wenig erleichtert, wieder zu ihrem eigenen Leben zurückzukehren, und lebt in Vorfreude weiterer Schiffbrüchiger – schließlich ist sie eine Nymphe.

Die Circe der Moderne

Hier haben wir den weiblichen Typ der Eroberin. Die Mischung aus Feuer und Luft (Sonne) ermöglicht es dieser Frau, das Leben mit Kraft und Leichtigkeit in die eigenen Hände zu nehmen. Sie macht spielerisch Karriere, findet aber auch immer wieder Zeit, sich zu verlieben und mit den Männern zu tändeln. Beruflich und privat. Sie trennt diese beiden Bereiche nicht sonderlich streng. Sie weiß, wohin sie hin will, und Erfolg ist ihr wichtig – sie kennt den Preis und bezahlt ihn, solange es nicht der Preis ihrer Freiheit ist. Vielfalt und Freude sind ihr genauso wichtig wie Prestige und Anerkennung. Auch hier ist meistens ein starker Vater im Hintergrund, dem es zu beweisen gilt, wie gut »Frau« ist.

Motiv des Lebens / Werte und Ziele

Circes Leitmotiv im Leben ist es, sich selbst zu erfahren, so viel wie möglich gleichzeitig zu erleben. Sie ist eine Abenteuerin und will den anderen zeigen, wie schön und gewandt sie ist. Bekommt sie kein Feedback, verdirbt ihr das die Laune und sie verwandelt die anderen in Schweine, oder umgangssprachlich, »sie macht den anderen zur Sau«.

Angst

Die größte Angst der Circe ist es, öffentlich zu versagen, ihre zweite Angst ist, in Öde und Langeweile zu verharren. Sie fürchtet, ihr Leben zu vergeuden und nicht alle Chancen wahrgenommen zu haben, die sich bieten könnten. Das erklärt auch, warum sie Odysseus schließlich ziehen lässt. Sie weiß, dass nach jedem Verlust eine neue Herausforderung kommt. Hier zeigt sich auch ihre Ambivalenz zwischen dem Wunsch zu lieben und der Sehnsucht nach Freiheit.

Schatten

Der Schatten der Verführerin ist die manische Aktionistin, die zum Zauberstab greift und den anderen in etwas verwandelt, was er nicht sein möchte. Sie ist dabei egozentriert und rächt sich für jede Verletzung ihrer Person.

Gefühlslage

Ihre Gefühlslage ist dank der Mischung aus Feuer und Luft (Sonne) explosiv, aber auch wärmend und leicht. Sie liebt das Leben mit all seinen Möglichkeiten. Dabei ist sie meist sehr impulsiv und den anderen eine Nasenlänge voraus.

Position im Leben

Ihre Position im Leben liegt mehr im Bereich des Beruflichen als des Privaten, aber auch sehr stark in der persönlichen Entwicklung und Weiterbildung.

Karrierechancen und Karrierefallen

Sie ist dank ihrer explosiven, extravertierten Mischung aus Fühlen und Denken prädestiniert für Tätigkeiten in Verkauf und Vertrieb sowie in allen Bereichen, in denen es auf Kontaktfreudigkeit und Verhandlungsgeschick ankommt. Sie kann mit ihrer beschwingten Art gut auf Menschen zugehen und sie verführen, mit ihr gemeinsam einen neuen Weg zu beschreiten. Bei guter Reflexion über die eigenen Stärken und Schwächen kann die Circe der Moderne auch eine ausgezeichnete Führungskraft werden. Den Ehrgeiz dazu hat sie durchaus. Da sie die Dinge nicht unbedingt bis ins letzte Detail planen mag, ist es wichtig, dass sie gute Kollegen oder Mitarbeiter hat, die ihr Detailarbeiten und gegebenenfalls Organisatorisches abnehmen. Diese Mitarbeiter sollte sie danach aussuchen, dass sie genau die ihr fehlenden Eigenschaften aus dem Element Wasser besitzen – und eben nicht genauso unbesorgt sind wie sie.

Chancen / Fallen für privates Glück

Circe liebt das Leben und sie liebt die Männer. Ihre Weiblichkeit und ihre Attraktivität erfährt sie am intensivsten in den Armen eines Mannes, und auf die Frage »Was ist besser als ein Mann?« wird sie vermutlich antworten »Zwei Männer!«. Sie ist eine Nymphe und es wird ihr schwerfallen, treu zu sein, es sei denn, sie findet einen Odysseus, der sie in ihren Bann zieht und den sie wahrhaftig für den Augenblick liebt. Die Liebe der Circe reicht nicht für ein ganzes Leben, dazu liebt sie zu sehr die Abwechslung und die Liebe selbst.

Die Circe im Überblick	
Element:	Feuer und Luft
Innere Stimme:	»Nimm dir alles vom Leben!«
Antrieb:	Entdeckung
Oberstes Ziel:	sich positionieren, ein gutes Bild von sich abgeben, Selbstdarstellung
Persönliche Ausprägungen:	Geltungsbedürfnis, Neugierde
Stärken:	Optimismus, Charme, Flexibilität
Fallen / Vorannahmen:	»Niemand wird mich jemals wirklich lieben, also lass ich mich nicht zu sehr auf jemanden ein.«
Konfliktpotenzial:	bei Langeweile in Beruf und Privatleben: Aufgaben mit häufigen Wiederholungen und vielen Details
Reaktion auf Druck:	leicht gelangweilt, ungeduldig, aggressiv
Natürliche Erfolgsstrategien:	Sie ist kontaktfreudig und optimistisch. Sie ist freundlich und lebhaft. Sie arbeitet kompetent und effektiv. Sie kann Leute gut motivieren. Sie kann sich gut präsentieren.
Zu lernende Strategien:	Bringen Sie Ihre Gefühle und Gedanken in eine gute Balance. Gönnen Sie sich mehr Zeit zum Erholen. Geben Sie den Dingen Raum. Vergleichen Sie sich nicht mit anderen.

Die Magie der Aphrodite

Der Mythos

Aphrodite, die Schaumgeborene, ist die schönste von allen. Ihre Ehe mit dem unscheinbaren Hephaistos ist ihr nicht sehr wichtig. Ihre Leidenschaft lebt sie in verschiedenen Affären aus, nicht still und heimlich, sondern so, dass die Götterwelt davon erfährt. Jede Affäre ist eine Inszenierung ihrer Schönheit und Leidenschaft. Sie hilft all denen, die lieben, und denen, die ihre Seitensprünge für Liebe halten. Sie bestraft diejenigen, die sie missachten. Ihre Handlungen sind von ihrer göttlichen Großmut, aber auch von ihrem Narzissmus geprägt. All ihre Liebesaffären verbindet, dass sie die begehrten Männer nicht um ihrer selbst wegen liebt, sondern oft Beziehungen eingeht, um ihre Position im Olymp zu stärken oder einfach die eigene Attraktivität zu genießen. Ihre Liebe zu Adonis erfüllt sich nicht, da sie ihn mit der Unterwelt teilen muss und er stirbt, ehe sie sich ihm ganz hingeben kann. Ihrer Liebe zu Ares entspringt zwar der gemeinsame Sohn Eros (Amor), doch auch diese Beziehung ist nicht von Dauer. Sie liebt wohl eher den großen Kriegsgott in ihm als sein Wesen an sich. Ihnen folgen etliche weitere Liebhaber, die kommen und gehen. Sie geht in der Liebe wie in der Götterpolitik allerdings weniger zielorientiert vor als Circe, der sie im Umgang mit Männern ähnelt.

Die Aphrodite der Moderne

Die Aphrodite der Moderne ist eine lebenslustige Frau, die ihre Freiheit und Eigenständigkeit als höchsten Wert gegen jeden verteidigt. Sie tut das aber nicht mit Schwert oder Pfeil wie eine Amazone, sondern mit weiblicher List. Sie ist eine große Verführerin und wie auch Circe eine große Manipulatorin. Sie ist kreativ, schnell und ehrgeizig, verklärt dabei jedoch vieles mit der rosafarbenen Brille der Romantikerin. Wer allerdings ihren Wünschen nicht entspricht oder sie gar bloßstellt, ihr auf der Bühne des Lebens die Show stehlen will, der weckt ihren Zorn und vermutlich auch ihre Rache.

Motiv des Lebens / Werte und Ziele

Ihr höchstes Ziel ist die Selbstverwirklichung und auch die Selbstdarstellung. Sie will sich selbst erfahren. Immer wieder und immer wieder neu. In unterschiedlichen Rollen aus verschiedenen Perspektiven. Sie probiert aus, spielt und experimentiert.

Angst

Ihre Angst ist, neben dem Verlust der Anerkennung durch andere, in der Tristesse des Alltags unterzugehen, und letztlich macht ihr nichts mehr Angst als die eigene Mittelmäßigkeit.

Schatten

Der Schatten der großen Verführerin ist die große Manipulatorin, die sehr narzisstisch ihre Ziele verfolgt und dann mehr nach außen als nach innen blickt.

Gefühlslage

Ihre Stimmung schwankt zwischen himmelhoch jauchzend und zu Tode betrübt. Wobei sie dafür sorgen wird, dass in jedem Liebeskummer noch ein kleiner Gewinn liegt, sei es das Ausleben des Schmerzes in der Kunst oder auf einer anderen Bühne. Wer die Aphrodite kränkt, den wird sie betrügen. Es ist nicht ihre Art, um ihr Recht zu kämpfen wie eine Amazone. Erst wenn sie, wie Psyche, ihre eigene Liebesfähigkeit findet, wird sie zu wahren Gefühlen fähig sein.

Position im Leben

Der Sonnentyp möchte auf allen Hochzeiten gleichzeitig tanzen. Aphrodite will Karriere machen, die Welt sehen, von vielen Männern geliebt werden und dabei irgendwann ein inneres oder äußeres Zuhause finden. In erster Linie wird es sie dahin ziehen, wo sie Freude und Freiheit findet.

Karrierechancen und Karrierefallen

Die Karrierechancen der Aphrodite liegen im künstlerischen und kommunikativen Bereich. Sie liebt die Vielfalt. Zwar kann sie sich einer Sache leidenschaftlich verschreiben, nur die Details mag sie nicht erledigen. Sie kann mitreißend präsentieren und ist auf verschiedenen Bühnen der Welt zu Hause. Anerkennung und Applaus sind ihr äußerst wichtig: Müsste sie alleine in einem Labor sitzen, würde sie schnell ausbrechen.

Chancen / Fallen für privates Glück

Sie wird sich durch ihre Sehnsucht nach Abwechslung nicht so schnell auf eine ernsthafte Beziehung einlassen. Solange sie zwischen den Verführungen der oberflächlichen Anerkennung und der tiefen Liebesfähigkeit schwankt, wird es für sie schwierig, im Privatleben Ruhe und Glück zu finden. Diese Unrast nutzt sie für ihre Karriere.

Die Aphrodite im Überblick	
Element:	Luft/Sonne
Innere Stimme:	»Ich werde alle Möglichkeiten des Lebens ausprobieren.«
Antrieb:	Ansehen
Oberstes Ziel:	Popularität und Bestätigung
Persönliche Ausprägungen:	Optimismus, rosarote Brille, Flexibilität
Stärken:	verbale Fähigkeiten und Empathie
Fallen/Voranahmen:	»Du wirst nur für das geliebt, was du im Leben darstellst.«
Konfliktpotenzial:	Lebenssituationen, die keine Aussicht auf Veränderungen haben
Reaktion auf Druck:	unvorsichtig, unorganisiert
Natürliche Erfolgsstrategien:	Sie ist redegewandt und optimistisch. Sie ist spontan und offen für Neues. Sie ist großzügig und möchte die Welt verändern. Sie hat keine Angst vor Risiken und Abenteuern.
Zu lernende Strategien:	Bringen Sie mehr Ausgeglichenheit und Ruhe in Ihr Leben. Seien Sie zufrieden mit dem, was Sie haben. Lernen Sie, um des Gebens willen zu geben und um des Liebens willen zu lieben.

Die kreativ-emotionale Stärke der Muse

Der Mythos

Die Musen sind die Töchter des Zeus und der Titanin Mnemosyne, deren Name so viel wie Gedächtnis bedeutet. Sie sind Helferinnen aller großen Künstler. Sie inspirieren und schaffen Raum für Fantasie. Es gibt neun Musen – für jede Kunstrichtung eine. Sie wirken jedoch nicht nur musisch und inspirierend, sondern sind auch eifersüchtig und zänkisch – vor allem dann, wenn jemand anderes sich anmaßt, mit ihren Künsten in Konkurrenz zu treten. So attackieren sie selbst die Sirenen, als diese behaupten, sie könnten besser singen als sie.

Die Muse der Moderne

Berühmte Musen waren etwa Lou Andreas-Salomé, die sowohl Nietzsche, Rilke als auch Freud beflügelte, oder Gala Dali, die Frau von Salvatore Dali. Die Musen in den Betrieben sind die treuen Assistentinnen, die aus dem Hintergrund ihre Vorgesetzten anregen und leiten. Hervorragend in ihren Fähigkeiten und wenig daran interessiert, in der ersten Reihe zu stehen.

Motiv des Lebens / Werte und Ziele

Musen wollen das Leben leben, sich entwickeln in den Bereichen, die ihnen Spaß machen und die sie erfüllen. Dabei sind sie weniger an Macht und Status interessiert als vielmehr an interessanten und abwechslungsreichen Aufgaben.

Angst

Die größte Angst einer solchen Frau entspringt ihrer mangelnden Fähigkeit, positiv mit Konflikten umzugehen. Sie ist hochgradig emotional, und Anerkennung und Bestätigung sind ihr sehr wichtig, das macht sie leicht kränkbar. Da sie naturgemäß keine guten Konfliktstrategien beherrscht, wirkt sie häufig zänkisch oder zickig. Auch eingefahrene Routine oder starrer Druck verunsichern sie.

Schatten

Der Schatten dieses reinen Gefühlswesens ist, von den eigenen Emotionen überflutet zu werden und sich darin komplett zu verlieren. Ihr fehlt die Gabe, ihre Emotionen zu kanalisieren.

Gefühlslage

Die Muse ist Gefühl pur. Wo Pallas Athene denkt, analysiert und sich einen Plan macht, kann die Muse sich in ihren Gefühlen völlig auflösen. Da die heutige Businesswelt dafür wenig Raum gibt, erkennt man die Muse bisweilen kaum. Sie versteckt ihre Seele oft hinter starren Mauern der Konvention.

Position im Leben

Die Muse positioniert sich eher in der zweiten Reihe. Das kann sowohl die Rolle der unterstützenden Ehefrau als auch die der fleißigen Assistentin sein. Es ist die Freude am Tun, die sie motiviert, und die Anerkennung, die sie dafür im Stillen bekommt.

Karrierechancen und Karrierefallen

Die Muse will keine eigene Karriere machen. Sie will unterstützen und dabei nicht die ganze Verantwortung tragen müssen. Für die Gestaltung ihres Arbeitsplatzes ist Freiraum und Spaß an den Inhalten wichtig.

Chancen / Fallen für privates Glück

Musen sind fühlende Wesen. Sie haben große Chancen auf privates Glück. Ihr Element ist die Erde, auf die die Sonne fällt. Um ihr Glück wirklich zu spüren, brauchen sie, ähnlich wie Psyche, ein Gegenüber. Das muss nicht unbedingt ein fester Partner sein, aber Freunde, mit denen sie Erlebnisse teilen können, sind wichtig.

Die Muse im Überblick	
Element:	Luft und Erde (die Sonne, die auf die Erde fällt)
Innere Stimme:	»Ich unterstütze und möchte dafür gelobt/geliebt werden.«
Antrieb:	Wohlbefinden
Oberstes Ziel:	Intimität, Hilfsbereitschaft, das Leben in vollen Zügen genießen
Persönliche Ausprägungen:	Toleranz, persönliche Beziehungen
Stärken:	Loyalität, Kreativität, Treue
Fallen/Vorannahmen:	»Im Grunde bin ich nicht so gut wie die anderen.«
Konfliktpotenzial:	wenn sie Aufgaben erledigen soll, bei denen sie sich nicht genug einbezogen fühlt
Reaktion auf Druck:	nachgiebig, nachtragend, Selbstmitleid
Natürliche Erfolgsstrategien:	Sie ist an Menschen interessiert. Sie weiß instinktiv, was andere brauchen, und kann ihnen helfen, das Leben von der schönen Seite zu betrachten. Sie ist großzügig und warmherzig. Sie besitzt Mitgefühl und ist aufgeschlossen.
Zu lernende Strategien:	Ihre eigenen Bedürfnisse sind genauso wichtig wie die der anderen. Setzen Sie sich für Ihre Wünsche ein. Lassen Sie sich nicht ausnutzen oder manipulieren.

Die bedingungslose Liebesfähigkeit der Psyche

Der Mythos Psyche, eine liebliche Prinzessin, weckt Aphrodites Zorn und Eifersucht, weil sie sich ihrer inneren Schönheit sehr bewusst ist. Aphrodite merkt schnell, dass die Schönheit der Psyche von einer anderen Qualität ist als ihre eigene. Sie schickt ihren Sohn Eros (Amor), der Psyche bestrafen soll. Doch stattdessen verliebt er sich unsterblich in die zarte Frau. Sie soll von einer hohen Klippe gestoßen werden, und er rettet sie, indem er einen sanften Wind wehen lässt, der sie in seinen Tempel trägt, wo sie in einen tiefen Schlaf fällt. Als sie erwacht, findet sie sich in den Armen des wunderbarsten Liebhabers wieder. Amor besucht sie jede Nacht und liebt sie, wie nie zuvor eine Frau in der griechischen Mythologie geliebt worden ist. Das Einzige, was er von ihr verlangt, ist das Versprechen, dass sie ihn niemals ansehen darf. Niemand darf wissen, dass er, der große Liebesgott, sich in sie verliebt hat. Sie ist trotzdem glücklich, denn sie liebt ihn und es verlangt sie nach nichts anderem als seiner Liebe.

Als sie eines Tages ihre Schwestern besucht und ihnen von ihrer ungewöhnlichen und doch so ganz besonderen Liebe erzählt, werden sie neidisch und reden ihr ein, dass ihr Geliebter wahrscheinlich ein Ungeheuer sei, das sich vor ihr verstecken muss. Von Misstrauen und auch von weiblicher Neugier angestachelt, versteckt sie eine Lampe unter dem Bett. Als sie Amor im Schein der Lampe das erste Mal sieht, ist sie von seiner Schönheit derart überwältigt, dass ihre Liebe in unbändiges Verlangen umschlägt, und als sie ihn umarmen will, verbrennt sie unbeabsichtigt mit der heißen Öllampe seinen Arm. Verletzt und unglücklich über ihr Misstrauen muss der Gott sie nun verlassen – das ist seine Natur. Psyche bleibt wissend, aber untröstlich über den Verlust des vergötterten Mannes zurück.

Durch ihr Handeln zieht sie noch mehr die Wut der Aphrodite auf sich. Die eifersüchtige Liebesgöttin stellt ihr schier unlösbare Aufgaben. Psyche erfüllt alle diese Aufgaben auf wundersame Weise dadurch, dass jedes beseelte Lebewesen ihre Lieblichkeit so bewundert, dass es ihr hilft. Bei einem ihrer Aufträge sieht sie eine Möglichkeit, ihren Geliebten zurückzuerobern, und sie setzt ihr Leben in der gefährlichen Unterwelt aufs Spiel, um den Liebsten zu erreichen. Jetzt haben die Götter ein Einsehen, und Zeus selbst, der im Anblick dieser Herzensqualität weich und menschlich wird, schenkt ihr die Unsterblichkeit und gestattet dem Liebesgott, sie zu seiner Gemahlin zu nehmen. Dies ist eine der wenigen Geschichten der griechischen Mythologie, die ein gutes Ende nehmen. Es siegt, wer lieben kann.

Die Psyche der Moderne

Die heutige Psyche ist eine Frau mit warmen Erdanteilen. Diese Energie verschafft ihr eine Liebes- und Beziehungsfähigkeit, die in diesem Maße bei keinem weiteren Frauentyp zu finden ist. Die Liebesfähigkeit und Treue einer Frau hängt in erster Linie von dieser erdgebundenen Energie der Psyche oder der Muttergöttin selbst ab. Psyche ist eine Frau, die einen Mann liebt, Kinder und ein Zuhause haben möchte und ihr Glück in Ehe und Geborgenheit findet. Sie ist bereit, ihre Karriere zu opfern, sich selbst zurückzunehmen und für den Mann zu leben. Sie definiert sich nicht alleine aus sich selbst heraus, sondern als die Frau ihres Mannes.

Motiv des Lebens / Werte und Ziele

Ihr Motiv, der Wert ihres Lebens, sind Fürsorge, Zugehörigkeit, Harmonie und Geborgenheit im Schoße einer Familie. Sie möchte Beständigkeit und fordert die gleiche Treue von anderen, die sie ohne Zögern zu geben bereit ist.

Angst

Ihre Angst ist es, alleine zu sein, verlassen zu werden von demjenigen, den sie liebt und dem sie ihr Leben verschrieben hat. Sie fürchtet außerdem zu schnelle Veränderung, Hektik und Chaos.

Schatten

Der Schatten der Liebenden ist die Abhängige. Die große Gefahr dieser starken Liebesfähigkeit ist, dass diese nicht bedingungslos ist, sondern sich dafür opfert, geliebt zu werden, und von dieser Liebe abhängig wird. Um den Zustand des Liebens aufrechtzuerhalten, läuft sie Gefahr zu klammern, zu misstrauen und zu kontrollieren. So wie Psyche mit der Lampe das Gesicht des Geliebten sehen will, wird sie versuchen, hinter Geheimnisse zu kommen, die es eventuell gar nicht gibt.

Gefühlslage Die erdige Psyche ist eine hochemotionale Frau, die ihr Gefühlsleben jedoch eher für sich behält. Sie erwartet, dass ihr Gegenüber ihr ansieht, was und wie sie fühlt: »Wenn du mich lieben würdest, so wie ich dich liebe, wüsstest du, was ich brauche.« Womit sie vermutlich oft unglücklich wird, denn leider gibt es sehr wenige Männer mit dieser Fähigkeit zu lieben.

Position im Leben Ihr Reich ist auf jeden Fall zu Hause. Sie möchte nicht in der Öffentlichkeit stehen – und vor allem nicht alleine. Tut sie es dennoch, kostet es sie große Anstrengungen.

Karrierechancen und Karrierefallen Die Karrierechancen von Psyche schwinden, sobald Amor auftritt und ihr die Möglichkeit der Liebe bietet. Während die Liebe der Circe und der Aphrodite nicht das einzige Element dieser Frauen und immer auch ein wenig mit Inszenierung verbunden ist, liebt die Psyche absolut, und kein anderes Gefühl dieser Welt wird ihr wichtiger und lohnenswerter erscheinen als der liebende Blick ihres Mannes. Männer sehen gerne in jeder Frau diesen Typus – aber im Grunde ist er eher selten und nur bei Frauen zu finden, die sich in aller Tiefe mit ihrer eigenen Psyche auseinandergesetzt haben.

Chancen / Fallen für privates Glück Geht sie reflektiert mit ihrem Gefühl um und sucht sich einen passenden und ebenfalls liebesfähigen Partner aus, hat sie die Chance auf eine wirklich große Liebe. Die Falle dieser Frauen liegt darin, dass sie häufig den männlichen Typ der Medea lieben, den feuerroten Egoisten, und irgendwann aufwachen und erkennen, dass es Abhängigkeit und keine Liebe ist. Manchmal machen Frauen nach so einer Enttäuschung eine Kehrtwendung um 180 Grad, entwickeln sich zur Medea oder Amazone und richten ihr Leben komplett neu aus.

Die Psyche im Überblick	
Element:	Erde
Innere Stimme:	»Ich werde geliebt, weil ich liebe.«
Antrieb:	Fürsorge
Oberstes Ziel:	Zugehörigkeit, kontrollierbares Umfeld, wenig Veränderung
Persönliche Ausprägungen:	passiver Widerstand bei Veränderungen, Risikoangst
Stärken:	Beständigkeit, Herzlichkeit, Liebesfähigkeit
Fallen/Voranname:	»Ich bin erst vollständig durch das Verschmelzen mit einem anderen.«
Konfliktpotenzial:	wenn sie etwas tun soll, wobei ihre Gefühle ignoriert werden
Reaktion auf Druck:	zeigt untertäniges Verhalten
Natürliche Erfolgsstrategien:	Sie ist annehmend und nicht kritisch. Sie ist liebenswert und freundlich. Sie kann eine Sache menschlich sehen. Sie besitzt die Gabe, gut zu vermitteln.
Zu lernende Strategien:	Bemühen Sie sich um das, was Sie wirklich wollen. Achten Sie darauf, niemals in Abhängigkeit zu gelangen. Setzen Sie sich bedeutende Ziele für Ihr Leben.

Die Ordnung und Struktur der Artemis

Der Mythos Artemis ist die Tochter des Zeus und der Titanin Leto, ihr Zwillingsbruder ist der schöne Apollon. Sie hat einen autoritären Vater und in Hera eine zänkische Stiefmutter. Da sie das Ergebnis einer der vielen Seitensprünge des Zeus ist, hält sich die Liebe ihrer Stiefmutter zu ihr in Grenzen. So lebt sie in ständiger Konkurrenz mit Hera und ihrem umschwärmten Bruder. Ihr Wesen ist Wasser und Erde. Gefühl und Verstand. Sie wird von Männern begehrt, verabscheut jedoch den Gedanken, sich von einem Mann in der Ehe unterwerfen zu lassen. Ihr Bruder Apollon wacht streng und eifersüchtig über ihre Keuschheit. Ein einziges Mal nur verliebt sie sich. Es ist Orion, ihr Jagdfreund, der ihr Herz gewinnt. Der eifersüchtige Bruder lockt sie in eine Falle. Er fordert sie zu einem Wettkampf im Bogenschießen auf und appelliert an ihren Ehrgeiz, indem er ihr sagt, dass sie einen bestimmten Punkt im weit entfernten Meer niemals treffen würde. Sie zielt, schießt und trifft natürlich. Aber das Ziel ist Orions Kopf, der gerade ein Bad nimmt. Als Artemis den an Land gespülten Leichnam des Geliebten birgt, verfällt sie in tiefe Trauer und erweist ihm noch einen letzten Dienst: Sie setzt ihn in den Himmel, wo er noch heute als Sternbild zu betrachten ist – als geliebter Mensch, der dem Ehrgeiz einer Frau geopfert wurde. Artemis verliebt sich nie wieder und kämpft nun mit ihrem Verstand für ihre Aufgaben; manchmal ist sie dabei ein wenig verbittert.

Die Artemis der Moderne Die heutige Göttin der Jagd ist immer noch auf der Suche nach einer Lösung zwischen Gefühl und Verstand. Oft ist sie hin- und hergerissen zwischen dem Wunsch, sich dem Gefühl zu öffnen, und der Angst, darin unterzugehen.

Motiv des Lebens / Werte und Ziele Artemis liebt die Korrektheit und die Struktur der Ordnung. Sie will sich nicht der Kritik aussetzen, sondern die Dinge richtig machen.

Angst Ihre größte Angst ist, schnelle Entscheidungen treffen zu müssen. Sie fürchtet sich vor Menschen, die ihrer Ansicht nach irrational handeln. Sie braucht Zeit, Dinge wachsen zu lassen.

Schatten

Der Schatten der Artemis ist das Erstarren in ihren eigenen Regeln. Wenn sie sich dem überlässt, entsteht zwanghaftes Handeln, sie wird dann rigide, freudlos und verbittert.

Gefühlslage

Ihre Gefühlslage ist ambivalent. Sie schwankt zwischen der Fähigkeit zu lieben und der Angst davor, sich darin zu verlieren. Sie ahnt, zu welchen Gefühlen ein Mensch fähig ist. Doch die verborgenen Gefahren der Ungewissheit erscheinen ihr größer. So zögert sie, wo sie handeln sollte.

Position im Leben

Sie wird sich im Leben dort am ehesten wiederfinden, wo sie am meisten Sicherheit spürt. Denn Sicherheit ist für sie das Fundament der Lebensqualität. Das trifft sowohl auf ihr Privat- wie auf ihr Berufsleben zu.

Karrierechancen und Karrierefallen

Ihre Karrierechancen sind dort am größten, wo sie Struktur und Anweisungen vorfindet, denn da kann sie sich sicher bewegen. Sie liebt weniger die Kreativität als die Gesetzmäßigkeit.

Chancen / Fallen für privates Glück

Ihre Hauptaufgabe besteht darin, die eigenen Grenzen ihrer Rigidität aufzulösen und ihre Härte aufzuweichen. Dann kann sie eine zuverlässige, treue und dabei auch glückliche Partnerin werden. Überwindet sie ihre Starrheit nicht, wird sie selbst wie auch ihre Umgebung an ihrer strengen Art, die Dinge zu beurteilen, leiden.

Die Artemis im Überblick	
Element:	Erde und Wasser
Innere Stimme:	»Sei vorsichtig.«
Antrieb:	Sicherheit
Oberstes Ziel:	Korrektheit, Ordnung
Persönliche Ausprägungen:	analytisch, ordentlich
Stärken:	Fakten, logische Argumente, systematische Vorgehensweise
Fallen / Vorannahmen:	»Ich kann entweder vernünftig oder emotional sein.«
Konfliktpotenzial:	wenn sie Aufgaben ohne Praxisbezug erledigen soll, wenn andere ihre Meinung ständig ändern
Reaktion auf Druck:	besorgt, ängstlich, sammelt Detailinformationen
Natürliche Erfolgsstrategien:	Sie ist loyal und vertrauensvoll gegenüber ihrer Familie und Freunden. Sie ist verantwortungsvoll. Sie arbeitet hart und ist organisiert. Sie ist intellektuell, geistreich und ordentlich.
Zu lernende Strategien:	Lernen Sie, Ihren eigenen Entscheidungen zu vertrauen. Gehen Sie mehr Risiken ein. Fürchten Sie sich nicht davor, Fehler zu machen. Balancieren Sie Ihren Verstand mit Ihrem Gefühl.

Die Weisheit und Kühnheit der Pallas Athene

Der Mythos

Schon die Geburt der Athene ist ein Omen für ihre besondere Bedeutung unter den Göttern. Sie entspringt in voller Rüstung dem Kopf ihres Vaters Zeus. Pallas Athene – eine Kopfgeburt – ist die Göttin der Weisheit und des Krieges. Sie ist und bleibt immer die Lieblingstochter des Gottvaters. Keine liebt er so wie sie. Das macht sie sehr mächtig. Weil sie diese männliche Macht nicht aufs Spiel setzen will, bleibt sie dem Vater immer treu. Es gibt keinen anderen Gott in Athenes Leben und schon gleich gar keinen Sterblichen. Sie beschützt aber die Menschen und die Götter. Sie ist besonders den Klugen und Außergewöhnlichen wie Odysseus und Achill zugetan. Doch sie verliebt sich niemals. Ob sie zu klug dafür ist oder ob ihr die Gefühlstiefe fehlt, die sie durch die Wärme einer Mutter erhalten hätte, ist nicht sicher. Sie bleibt die jungfräulich Keusche. Athene hat keine eigenen Kinder. Sie lebt die Ideen des Vaters. Das belohnt er mit ungeteilter Bewunderung ihrer Klugheit und ihres Mutes. Die Weisheit der Erde ist also weiblich – wurde aber nicht von der Mutter, sondern dem Vater weitergegeben. Athene ist gerecht und weise. Keine beherrscht die Kriegsführung und -taktik so wie sie. Dabei ist sie niemals so emotional-kriegerisch wie beispielsweise eine Amazone. Wenn sie kämpft, etwa gegen Ares oder Apollon, dann gewinnt sie. Ihr Element ist das kühle Wasser der Vernunft. Sie lässt sich nicht hinreißen von der Macht der Gefühle, sondern geht planvoll vor bis sie gewonnen hat. Kühl, beherrscht und siegessicher.

Die Pallas Athene der Moderne

Sie ist die Unnahbare, die ihrem Beruf mit größter Sorgfalt, Ernsthaftigkeit und Genauigkeit nachgeht. Sie verschreibt sich einer Sache – und verliert dabei nie den Überblick. Sie beherrscht es, sich geschickt im Machtspiel der Männer durchzusetzen. Sie studiert einen Sachverhalt bis ins letzte Detail, will alles verstehen. Das gibt ihr Sicherheit. Sie braucht keine Familie und wenig Freunde, die aber zuverlässig sein müssen.

Motiv des Lebens / Werte und Ziele

Das Motiv ihres Lebens ist es, die Dinge verstehen und durchdringen zu wollen. Hier liegt ihre Herausforderung, Intention und ihre Kraft.

Angst Ihre größte Angst ist es, sich lächerlich zu machen oder vom Gefühlschaos anderer überflutet zu werden. Veränderungen schätzt sie nur, wenn sie langsam und überschaubar vor sich gehen.

Schatten Ihr Schatten ist die Zwanghaftigkeit. Wird ihr gesamtes Wesen vom kühlen Wasser überflutet, macht es wenig Spaß, mit ihr zusammen zu sein. Sie nimmt dann alles zu ernst und wirkt anstrengend auf ihre Umgebung.

Gefühlslage Ihre Gefühlslage ist kühl und ausgeglichen. Ohne Höhen und Tiefen. Sie denkt, analysiert, versucht, das Leben zu verstehen. Platz für Emotionalität, Romantik oder die Liebe zu einem anderen Menschen gibt es wenig.

Position im Leben Sie positioniert sich in ihrer beruflichen Karriere oder in ihrer wissenschaftlichen Arbeit. Mann und Familie sind dabei nicht so wichtig.

Karrierechancen und Karrierefallen Ihre größten Aufstiegschancen liegen für sie in Berufen, die in erster Linie mit Dingen, weniger mit Menschen zu tun haben. Sie ist die geborene Wissenschaftlerin, Forscherin oder auch Politikerin.

Chancen / Fallen für privates Glück Sie braucht wenig privates Umfeld. Wenn es da ist, ist es angenehm – wichtig ist es für sie nicht.

Pallas Athene im Überblick	
Element:	Wasser
Innere Stimme:	»Du musst es richtig machen.«
Antrieb:	Perfektion
Oberstes Ziel:	Dinge analysieren und verstehen
Persönliche Ausprägungen:	Analyse, Bezug zu Erfahrungen aus der Vergangenheit
Stärken:	logische Argumente, Faktenorientierung
Fallen / Vorannahmen:	»Traue niemandem.«
Konfliktpotenzial:	wenn sie Dinge bewältigen muss, bei denen schnelle Entscheidungen erforderlich sind
Reaktion auf Druck:	besorgt, festgefahren
Natürliche Erfolgsstrategien:	Sie kann das Leben objektiv betrachten. Sie bleibt in Krisensituationen ruhig und kann sich im Hintergrund halten. Sie empfindet Status als nicht allzu wichtig. Sie hat ein Gespür für Integrität. Sie tut, was sie für richtig hält, ohne sich von anderen beeinflussen zu lassen.
Zu lernende Strategien:	Soziale Interaktion ist wichtig für das Wachstum Ihrer Persönlichkeit. Trennen Sie sich von Vorurteilen über andere Menschen. Versuchen Sie nicht so oft, andere intellektuell zu übertreffen.

Die unbezwingbare Stärke der Amazone

Der Mythos

Die kriegerischen Amazonen leben am Rand der griechischen Welt. Ihr Vater ist der Kriegsgott Ares. Sie zeichnen sich durch ihre strengen Sitten aus, bedienen sich der Männer, um sich fortzupflanzen, töten aber ihre männlichen Kinder oder setzen sie an der Grenze ihres Landes aus. Um bessere Bogenschützinnen zu werden, brennen sie sich die rechte Brust ab, damit sie beim Spannen des Bogens nicht stört.

In der Männerwelt werden sie zum einen als Bedrohung der patriarchalen Weltordnung angesehen – gleichzeitig wirken sie sehr erotisch auf Männer. Die Verlockung einer attraktiven Frau, die ebenso gleichwertige Gegnerin des Mannes sein kann, hatte schon immer ihren Reiz. So müssen sich die großen Helden immer mit den Amazonen messen. Wie Medea verliert die Amazone ihre Macht und Kraft in dem Augenblick, in dem sie sich verliebt. Dies dokumentiert die Geschichte der strahlenden Penthesilea und des Halbgotts Achill, der später wegen seiner Ferse Geschichte schreiben wird. Penthesilea und Achill stehen sich, obwohl sie sich lieben, im Krieg auf unterschiedlichen Seiten gegenüber. Die grausame Logik des Krieges führt dazu, dass Achill seine Geliebte tötet und über diesen Schmerz fast den Verstand verliert.

Die Amazone der Moderne

Sie ist die kämpferische Frauenrechtlerin, die noch heute auf die Männer bedrohlich und ein wenig abschreckend wirkt. Sie weiß, was sie will, und sie ist nicht bereit, Kompromisse einzugehen. Im Beruf weiß sie sich durchzusetzen, und ihr Liebesleben ist ihr nicht so wichtig.

Motiv des Lebens / Werte und Ziele

Der Wille der modernen Amazone ist es, sich einer Sache zu verschreiben, für ein Ziel zu leben. Sie ist von allen Frauengestalten diejenige, die am männlichsten denkt, was nicht heißt, dass sie nicht sehr weiblich aussehen kann. Sie strebt nach Unabhängigkeit und Gerechtigkeit. Vielleicht tritt sie als Frauenrechtlerin, vielleicht auch als bester Mann in einem Männerberuf auf. Familie und Liebe spielen für sie nur eine untergeordnete Rolle.

Ihre größte Angst ist es, in ihren Schlachten zu unterliegen und im Chaos den Überblick zu verlieren.

Angst

Der Schatten der großen Kriegerin ist die herzlose Zerstörerin. Wo die Kriegerin mit warmer Wut für eine lohnende Sache kämpft, wird die Zerstörerin mit fanatischem Hass alles vernichten, was sich ihr in den Weg stellt. Diese Wut gefährdet nicht nur sie selbst, sondern auch ihre Umwelt.

Schatten

Die emotionale Lage der Amazone ist leidenschaftlich, aber auch immer sehr überlegt. Sie lebt im Denken und Handeln, nicht im Fühlen.

Gefühlslage

Ihre Bestätigung findet sie im Beruflichen oder in der Sache, der sie sich verschrieben hat. Ihr Privatleben, Freunde oder gar die Liebe stellt sie hinten an.

Position im Leben

Durch ihre klare Ausrichtung und ihre Handlungskompetenz hat die moderne Amazone gute Karrierechancen in allen Berufssparten, in denen es etwas zu gewinnen gibt. Sie beherrscht die Analyse, ist aber genauso fähig zur Umsetzung. Sie kann taktieren, strategisch denken und sich auch in einer rauen Umwelt gut durchsetzen. Vermutlich kommt sie besser in Berufen zurecht, in denen es mehr um die Sache als um den Menschen geht. Sie ist eher die Unternehmerin als die barmherzige Schwester.

Karrierechancen und Karrierefallen

Privates Glück spielt für die moderne Amazone nur eine untergeordnete Rolle. Einen Mann wird sie eher nach praktischen als nach romantischen Kriterien auswählen.

Chancen / Fallen für privates Glück

Die Amazone im Überblick	
Element:	Wasser und Feuer
Innere Stimme:	»Kämpfe um deine Sache – bis zum Ende.«
Antrieb:	Sieg, Gewinn
Oberstes Ziel:	Streben nach Erstklassigkeit
Persönliche Ausprägungen:	hohe Selbstkritik, Autoritätsbedürfnis
Stärken:	Effizienz und Perfektion
Fallen/Voranahmen:	»Die Welt und besonders die Männer sind feindlich.«
Konfliktpotenzial:	wenn sie Dinge erledigen soll, bei denen sie mit der Inkompetenz anderer in Berührung kommt
Reaktion auf Druck:	überkritisch, ungeduldig, pessimistisch
Natürliche Erfolgsstrategien:	Sie ist selbstdiszipliniert und vernünftig. Sie besitzt ein hohes Verantwortungsbewusstsein. Sie hat hohe Standards und Moralvorstellungen. Sie liebt es, ihr Bestes zu geben.
Zu lernende Strategien:	Es ist in Ordnung, auch einmal zu entspannen und über sich selbst zu lachen. Sie dürfen auch mal Fehler machen. Lernen Sie, sich selbst nicht allzu wichtig zu nehmen und nicht andauernd Perfektion zu verlangen.

Standortbestimmung – welche Mythenfigur entspricht Ihnen am besten?

ÜBUNG

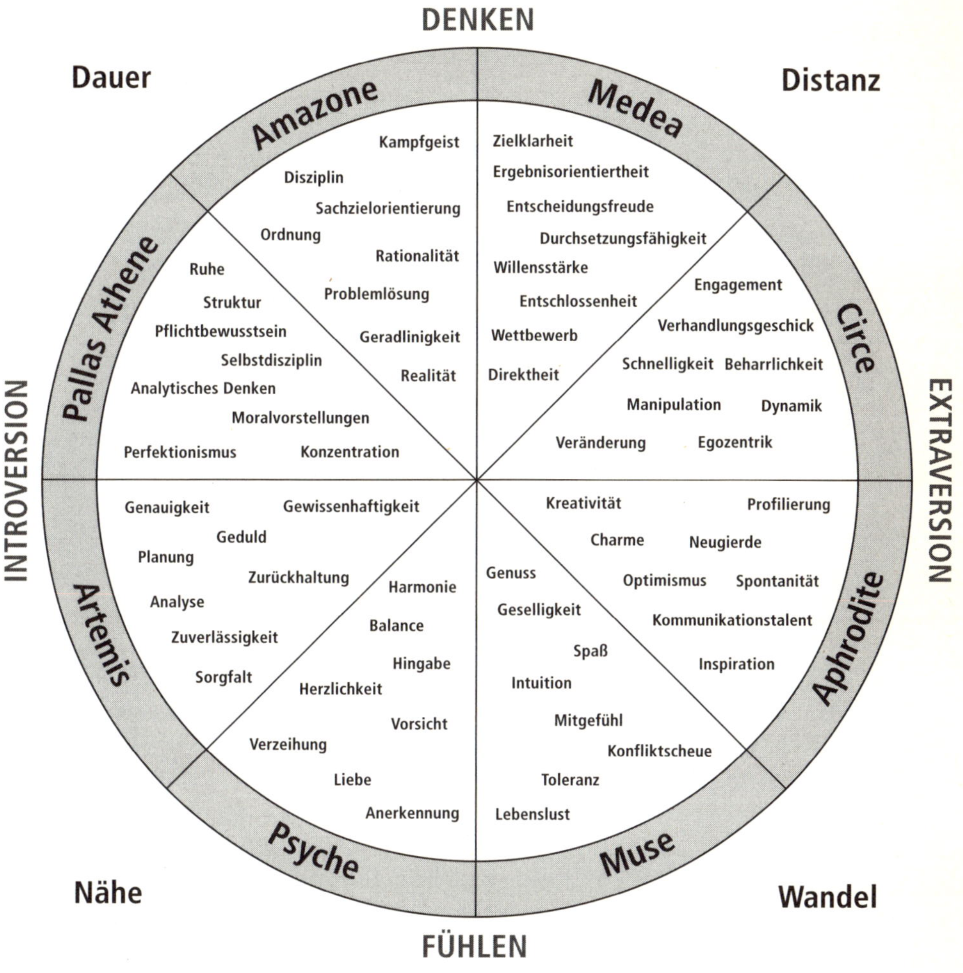

Bitte unterstreichen Sie die 15 Werte, die Ihnen am meisten entsprechen. In welchem Achtel haben Sie die meisten Worte unterstrichen?

Übersicht aller Mythen mit ihren Werten für Ihre eigene Zuordnung

Ihre persönliche Mythologie

Zeichnen Sie in das unten stehende Mythenrad nun Ihre eigene Position ein und schreiben Sie all diejenigen Bezeichnungen in den Ausschnitt, die auf Sie zutreffen. Vielleicht stellen Sie auch fest, dass Sie in mehrere Achtel passen. Wichtig ist, dass Sie erkennen, was Ihre größere Kompetenz ist.

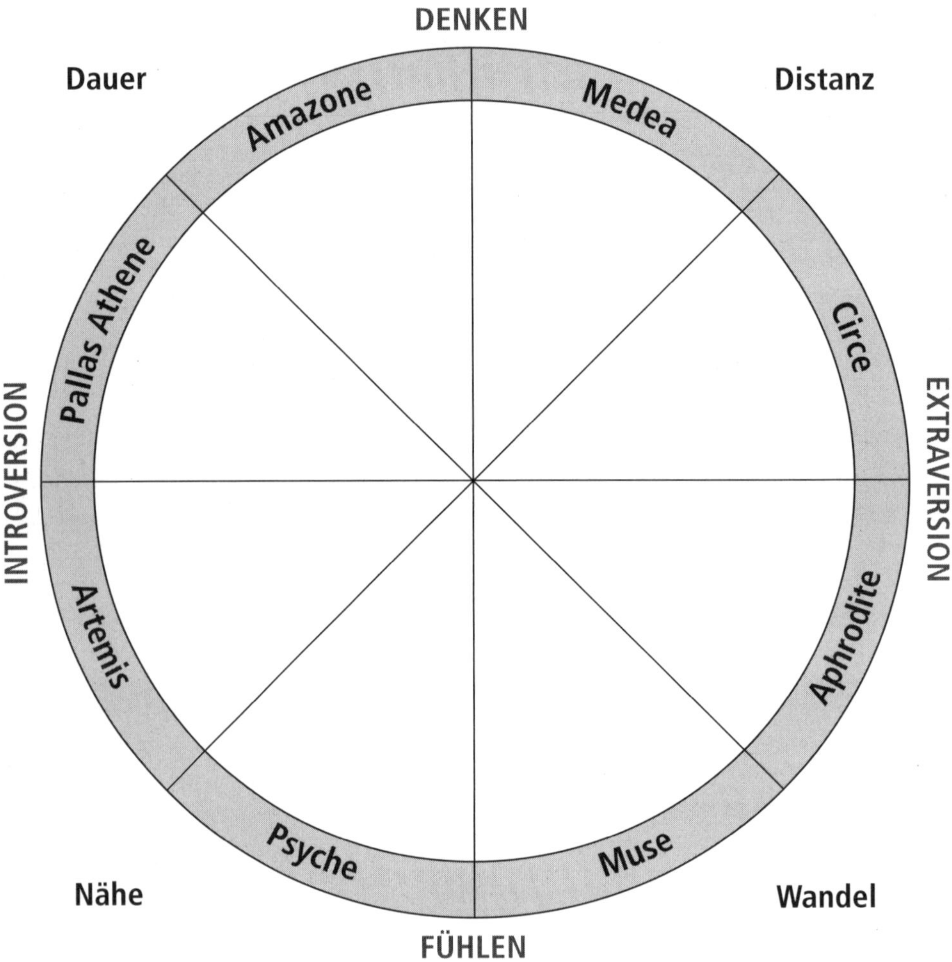

Zur Frau erzogen:
Mütter und Väter

3. Muster, die unser Leben prägen

Pallas Athene entsprang in voller Rüstung dem Kopf ihres Vaters, Aphrodite wurde aus Schaum geboren, Medea war die Tochter eines Barbarenfürsten, nur Psyche wurde von liebenden Eltern gezeugt und großgezogen. Ist das nun Zufall, oder haben Geburt und Erziehung entscheidenden Einfluss auf das spätere Liebes- und Berufsleben eines Menschen? Die Psychologen sind sich ziemlich einig darüber, dass sowohl unsere Gene als auch unser frühestes Umfeld, also die Erziehung durch die Eltern, das Geschick des späteren Lebens entscheidend prägen und hier nichts zufällig passiert. Die Gene wollen wir an dieser Stelle außer Acht lassen und uns der Erziehung beziehungsweise der Beeinflussung des Menschen durch seine frühkindlichen Erfahrungen zuwenden.

Frühkindliche Prägung wirkt lebenslang

Die Entwicklungspsychologie sagt uns: Alles, was wir in unserem frühesten Leben erfahren haben, prägt uns. Diese Prägung ist weder positiv noch negativ. Sie ist einfach da – ein Strickmuster. Wenn wir dieses Muster kennenlernen, lernen wir uns selbst kennen, mit unseren heimlichen Wünschen, Sehnsüchten und vor allem unseren verdeckten Ängsten und Vermeidungsstrategien.

Unser Selbstwertgefühl wird wesentlich von unseren Kindheitserlebnissen beeinflusst. Wurden wir als Kind viel gelobt und unsere Handlungen wurden positiv gewürdigt, so stärkt das unser Selbstbewusstsein und wir mögen uns selbst. Wurden wir dagegen oft gemaßregelt und erhielten keine »Streicheleinheiten«, so fühlen wir uns nicht gut. Die Art und Weise, wie unsere Eltern ihre Welt sahen, welche Ge- und Verbote sie befolgten und welche Vorurteile sie hegten, trägt entscheidend dazu bei, wie wir uns, unsere Mitmenschen und die Welt um uns wertschätzen können.

Leistung um der Anerkennung willen

Ein wichtiges Element ist vor allem, wann und warum wir positive Verstärkung erhalten haben, also gelobt wurden. Wurden wir als Kind geliebt, einfach weil wir da waren, oder mussten wir besondere Leistungen vollbringen, um die Aufmerksamkeit des Vaters oder der Mutter zu erlangen? Erfährt ein Kind einseitig Anerkennung nur bei außerordentlicher Leistung, bildet sich schnell ein Liebe-Leistungs-Schema heraus. Frauen mit einem starken Liebe-Leistungs-Schema sind in unserer Gesellschaft meist sehr erfolgreich, da sie sich selbst nur wertvoll fühlen, wenn sie von der Außenwelt anerkannt werden. Also leisten sie etwas, damit sie geliebt werden. Dieses Muster allerdings ist in der männlichen Welt eher selbstverständlich als in der weiblichen.

Die Muster, denen Männer wie Frauen unterliegen, wirken unbewusst. Damit Menschen ihre Muster aufrechterhalten können, suchen sie sich sowohl im privaten als auch im beruflichen Umfeld Partner aus, die ihre eigenen Prägungen entsprechend unterstützen. Wer etwa sehr starke Eltern hatte, orientiert sich beispielsweise eher an starken Partnern, zu denen er aufschauen kann.

Die verschiedenen Möglichkeiten, diese Muster zu leben, werden in den späteren Betrachtungen einzelner Frauentypen analysierend beschrieben. Durch die Analyse der Muster wird auch deutlich, wie man aus diesen Einschränkungen wieder herauskommt und damit verhindert, dass frühkindliche Prägungen das eigene Leben dominieren.

Warum Aphrodite nicht treu ist, Pallas Athene keine Beziehung braucht und Grundängste unser Leben formen

Aus dem Umgang der Eltern mit dem Kind bilden sich – in Verbindung mit den vorhandenen Erbanlagen – verschiedene Muster heraus und es entsteht ein Grundvertrauen, aber das Kind entwickelt auch Ängste und Sehnsüchte, die wir im Anschluss näher betrachten wollen. Angst und Sehnsucht gehören zusammen. Der Mensch leidet unter einer Angst, die sich in einem bestimmten Raum manifestiert; um diesen Raum nicht betreten zu müssen, entwickelt er eine Zugkraft in die entgegengesetzte Richtung. Hat jemand zum Beispiel Angst vor Nähe, entwickelt er eine Neigung zum gegenüberliegenden Raum der Distanz und umgekehrt. Hat jemand Angst vor der Beständigkeit, sucht er lieber Räume des Wandels auf und umgekehrt. So bewegen wir uns häufig in Räumen, die uns nicht das geben, was wir eigentlich suchen. Aber weil die Angst zu groß ist, in dem ersehnten Raum enttäuscht zu werden, vermeiden wir ihn, und so wird die ursprüngliche Angst häufig zur größten Sehnsucht.

Diese Ängste beziehungsweise Sehnsüchte manifestieren sich in der Persönlichkeitsstruktur, wie sie in Jungs Typologie oder im Mythenrad sichtbar wird. Es bilden sich sogenannte Wiederholungsmuster heraus, die sich dann im Laufe eines Lebens zu einem umfassenden Schaltplan verdichten. Um zu einem erfolgreichen und selbstbestimmten Leben zu gelangen, gilt es nun,

- diese Ängste zu erkennen und
- diese Ängste zu überwinden und daraus Freiheit zu gewinnen.

Grundformen der Angst und der Sehnsucht

Der Psychologe Fritz Riemann unterscheidet in seinen Bestseller *Grundformen der Angst* vier Richtungen oder Räume:

- die Angst vor Selbsthingabe, erlebt als Ich-Verlust und Abhängigkeit
- die Angst vor Selbstwerdung, erlebt als Ungeborgenheit und Isolation

- die Angst vor Beständigkeit, erlebt als Endgültigkeit und Unfreiheit
- die Angst vor Wandel, erlebt als Vergänglichkeit und Unsicherheit

Nehmen wir an dieser Stelle das vertraute Mythenrad zur Hand und fügen jetzt diese Größen ein, so sehen Sie die vier Räume, die im Folgenden genau beschrieben werden:

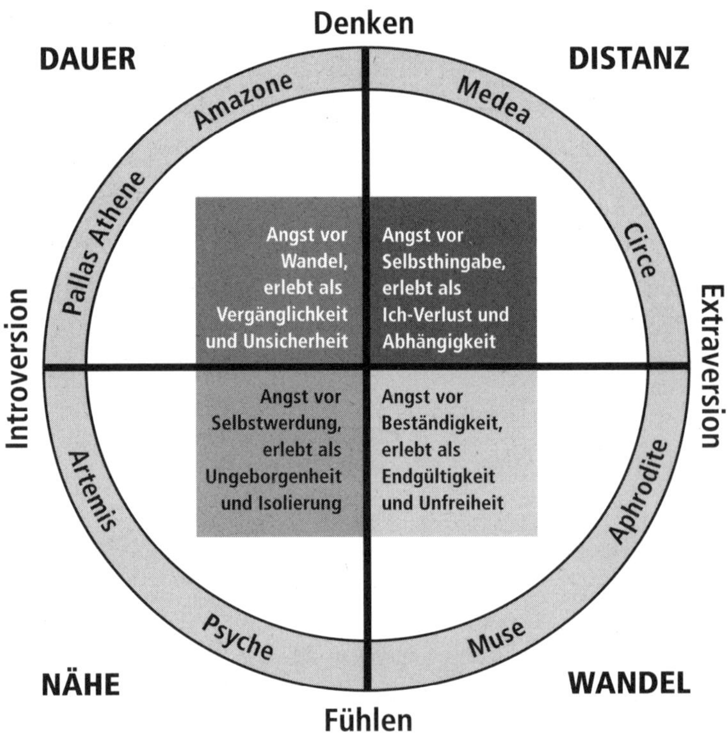

Die beiden ersten entgegengesetzten Richtungen stellen die Achse zwischen Nähe und Distanz dar:

- die Angst vor Selbsthingabe, erlebt als Ich-Verlust und Abhängigkeit

- die Angst vor Selbstwerdung, erlebt als Ungeborgenheit und Isolation

Selbstwerdung zwischen Nähe und Distanz

In dieser Dynamik von Nähe und Distanz geht es vor allem um die Selbstwerdung, das Erwachsenwerden im Laufe eines Lebens. Je mehr wir zu einem Individuum werden wollen, desto mehr müssen wir uns zunächst auf uns selbst besinnen, also in der Distanz leben. Ab einem bestimmten Zeitpunkt der Entwicklung bringt uns allerdings die egozentrierte Orientierung nicht mehr weiter und wir brauchen einen Beziehungspartner, um uns weiterentwickeln zu können. Geht man umgekehrt vor und verschmilzt schon in einer Entwicklungsphase mit einem anderen, in dem der egozentrierte Prozess noch gar nicht abgeschlossen ist, versäumt man wichtige Schritte der Selbstwerdung und schenkt einem Gegenüber quasi etwas, das es noch gar nicht gibt – nämlich das Selbst.

Wir befinden uns also ständig in einem Wechsel von Nähe und Distanz beziehungsweise in einem Wechsel von ego- und gemeinschaftsorientierter Entwicklung. Hierin die Balance zu halten, ein selbstbestimmtes Leben zu führen, sich hingeben zu können, ohne sich dabei zu verlieren und aufzugeben, im Beruf Erfüllung zu finden, ohne ihn als Flucht vor der eigenen Innerlichkeit zu benutzen – das ist die eigentliche Kunst des Lebens.

Die Angst vor Selbsthingabe, erlebt als Ich-Verlust und Abhängigkeit

»Ach wehe, meine Mutter reißt mich ein.
Da hab ich Stein auf Stein zu mir gelegt,
und stand schon wie ein kleines Haus, um das sich groß
der Tag bewegt, sogar allein.
Nun kommt die Mutter, kommt und reißt mich ein.

Sie reißt mich ein, indem sie kommt und schaut.
Sie sieht es nicht, dass einer baut.
Sie geht mir mitten durch die Wand von Stein.
Ach wehe, meine Mutter reißt mich ein.

Die Vögel fliegen leichter um mich her.
Die fremden Hunde wissen: Das ist der.
Nur einzig meine Mutter kennt es nicht,
mein langsam mehr gewordenes Gesicht.

Von ihr zu mir war nie ein warmer Wind.
Sie lebt nicht dorten, wo die Lüfte sind.
Sie liegt in einem hohen Herz-Verschlag
und Christus kommt und wäscht sie jeden Tag.«

Rainer Maria Rilke

Dieses Gedicht von Rilke beschreibt, wie die Sehnsucht nach Distanz entsteht – geboren aus der Einsamkeit durch das Nichtangenommensein von einer kalten oder zumindest nicht liebend präsenten Mutter. Ob Rilke wirklich Sehnsucht nach Distanz hatte oder nur eine wahnsinnige Angst davor, in der Nähe verletzt zu werden, bleibt dahingestellt. Meistens entsteht eine übertriebene Angst vor Nähe und die damit verbundene Zuflucht zur Distanz aus der Angst heraus, in der Nähe entweder enttäuscht oder zu sehr vereinnahmt zu werden.

»Sie geht mir mitten durch die Wand von Stein.
Ach wehe, meine Mutter reißt mich ein.«

»... meine Mutter reißt mich ein ...« macht den Schmerz deutlich, den ein Kind oder später ein Erwachsener empfindet, wenn er nicht wahrgenommen und dabei noch »eingerissen«, also in seinen Bedürfnissen, Hoffnungen und Wünschen ungesehen umgerannt wird. Die sich wiederholende Erfahrung des Missachtet-Werdens kann dazu führen, dass sich der Mensch mehr und mehr in sich selbst zurückzieht und sein Heil nicht in der Nähe anderer Menschen sucht, sondern im Rückzug und der inneren Emigration.

Häufig sind Distanzmenschen trotzdem weit von sich selbst, also ihrer Innerlichkeit entfernt. Sie können sich selbst nicht gut spüren und versuchen dieses Nicht-Spüren-Können durch Denken zu ersetzen. Es fällt ihnen auch schwer, empathisch auf einen anderen zuzugehen. Denn wer sich selbst schlecht wahrnimmt, der nimmt einen anderen und dessen Bedürfnisse und Sehnsüchte schon gar nicht wahr.

Angst vor Nähe – die schizoide Disposition

Diese schizoide Disposition entsteht bereits kurz nach der Geburt. Der Säugling ist absolut abhängig von der Versorgung und der Liebe der Mutter oder einer anderen Bezugsperson. Er hat Saug- und Klammerreflexe. Das Bedürfnis des Kindes nach der Mutter ist absolut, während das Bedürfnis der Mutter nach dem Kind relativ ist. Dies ist eine wichtige Tatsache, die das spätere Leben eines jeden Menschen dahingehend prägt, wie viel Urvertrauen er haben wird. Für Frauen speziell wird in dieser frühen Phase auch festgelegt, wie viel Vertrauen sie in die Liebe haben werden und wie viel Nähe sie einem Dritten gegenüber naturgemäß zulassen können. Außerdem wird sehr früh geprägt, wie sie ihr Selbstverständnis als Frau später erleben werden. Wie groß war die Liebe der Mutter zu dem kleinen Mädchen? War es bedingungslose Liebe, die hier gegeben und empfangen wurde, oder eher Pflichterfüllung? Ein Baby spürt, wenn es schreit und die Mutter es an die Brust nimmt, ob dies im Gefühl inniger Liebe oder zur pflichtmäßigen Erfüllung der Grundbedürfnisse geschieht. Ein Baby erfühlt schon im Mutterleib, ob es erwünscht oder »passiert« ist. Ferner werden schon sehr früh die Grundemotionen der Mutter auf das Kind übertragen. So erlebt das Baby zum Beispiel die Angst der Mutter oder auch ihre Wut, Liebe oder Ablehnung. All das hat Einfluss auf das spätere Leben und prägt unsere Fähigkeit, die Nähe eines anderen als wohltuend oder als bedrohlich wahrzunehmen. In der frühen Kindheit liegt somit häufig der Ursprung vieler Störungen im Erwachsenenleben.

So weit zu den von der Nähe der Menschen enttäuschten Autonomen. Es bleibt die Frage offen, ob es vielleicht auch den Menschen gibt, der nicht enttäuscht, traumatisiert und dadurch ängstlich geworden ist, sondern einfach gerne alleine ist, sich nicht binden will und sein Glück bei sich selbst findet – ohne dabei etwas zu vermissen. Die Psychologie geht, meines Erachtens, nicht davon aus. Seit Freud hält man das Streben nach Distanz und Unabhängigkeit eher für eine Vermeidungsstrategie als eine lustbetonte, hedonistische Lebensform. Es ist allerdings durchaus möglich, dass sich dieses Bild in unserem 21. Jahrhundert ändern wird. Unsere Gesellschaft bietet durch die Technisierung mehr und mehr Lösungen für ein Leben in Isolation und Unabhängigkeit. Die @-Gesellschaft mit ihren virtuellen Business- und Beziehungsbörsen, in denen sich Männer und Frauen unpersönlich im Netz begegnen können, zeigt den Beginn eines großen Trends. Hier kann man sich über alles austauschen, ohne sich jemals in die Augen zu sehen geschweige denn tatsächlich miteinander in Kontakt zu treten – »safer« geht es nicht mehr. Wir leben virtueller – und einsamer. Aber bestätigt das nicht gerade alle beschriebenen psychologischen Annahmen? Zeit für eine Veränderung dieses Trends?

Unabhängigkeitsstreben – bisher eher männlich

Meist wird in der Literatur der nach Unabhängigkeit strebende Mensch als männlich beschrieben. Es gibt ihn aber durchaus auch unter Frauen. Die Begriffe an sich sind schon weiblich. Es heißt sowohl *die* Freiheit als auch *die* Unabhängigkeit, und die Freiheitsstatue vor New York ist ebenfalls eine Frau. Wo begegnet uns die weibliche Variante dieses Unabhängigkeitstyps, die bisher seltener aufgetreten ist, aber zukünftig vermutlich mehr und mehr unsere Gesellschaft prägen wird? Denn Unabhängigkeit wird für Frauen immer selbstverständlicher. Dietrich Schwanitz schreibt in seinem Buch *Männer* (Schwanitz, S. 27):

> *»In einer befriedeten Gesellschaft, in der die grobe Arbeit von Maschinen erledigt wird und die weiblichen Tugenden der Kommunikationsfähigkeit gefragt sind, ist Männlichkeit unplausibel geworden. Wo der Sozialstaat den Versorger ersetzen kann, fragt sich Frau mit Bezug auf den Mann, den sie zu Hause hat: Warum tut sie sich das an? Er schafft mehr Probleme, als er löst. Sein Benehmen ist oft mehr als befremdlich. Seine Motive liegen im Dunkeln, sein Innerstes ist verschlossen. Seine Gesellschaft ist oft bedrückend, der Lärm, den er macht, gewaltig. Und – so fragt sie sich, wenn er mal wieder die Wohnung verwüstet und sie in besonders radikale Stimmung versetzt hat: »Ist er überhaupt ein Mensch?«*

Frauen heiraten heute seltener und trennen sich leichter, was deutlich in den Heirats- und Scheidungsstatistiken sichtbar wird. Wir leben im Zeitalter der Lilith, die wohl die erste nach Unabhängigkeit strebende und gegen Unterwerfung kämpfende Frau war. Sie verlässt lieber das Paradies, als sich zu unterwerfen. Wahrscheinlich hat sie erkannt, dass ein Lebensraum, in dem die Frau dem Manne untertan ist, niemals als Paradies gelten kann – zumindest nicht für Frauen.

Auch Georges Bizets Carmen ist ein Paradebeispiel dieses Autonomietyps: Je mehr José sie bedrängt, ihr sein bürgerliches Leben

Carmen – Inkarnation der Distanzfrau

aufzwingen will, desto mehr entzieht sie sich und betrügt ihn mit einem Stierkämpfer. Und doch ist José ihr Schicksal, denn vor Eifersucht rasend ersticht er sie. Ihre Hymne lautet:

»Die Liebe vom Zigeuner stammt, fragt nach Rechten nicht, Gesetz und Macht,
liebst du mich nicht, bin ich entflammt …
und wenn ich liebe, nimm dich in Acht.
Ja, die Liebe hat bunte Flügel, solch einen Vogel fängt man schwer …«

Darum geht es immer und immer wieder:
Nähe – Distanz – Nähe – Distanz.

Es ist die Hymne der Lilith, der Carmen und der Medea:

»… wenn ich liebe, nimm dich in Acht.«

Das hätte auch Jason tun sollen, als er sich mit Medea einließ. Wenn die egozentrierte Autonomiefrau sich tatsächlich einlässt und dann noch verlassen, betrogen und verraten wird, dann schreckt sie vor nichts mehr zurück, und sie wird kämpfen und jeden Preis bezahlen, um sich zu rächen.

Lilith will Gleichberechtigung, Carmen immer gerade den Mann, der nicht an ihr interessiert scheint, Medea will die absolute Treue eines so viel jüngeren Mannes. Alle haben sie eines gemeinsam: Am interessantesten ist das Unerreichbare. Was leicht zu haben ist, ist langweilig, wer sich anbietet, hat verloren, wer sich entzieht, gewinnt an Attraktivität. Da dieser Typus Mensch eines mehr meidet als den Teufel, nämlich Nähe und Beständigkeit, ist diese Art des Verhaltens verständlich und zielführend.

Distanzfrauen tun sich schwer, sich wirklich auf einen anderen einzulassen, Nähe zuzulassen, sich hinzugeben. Sie befürchten, in der Liebe ihr eigenes Selbst zu verlieren und abhängig zu werden. Das Terrain, in dem sie sich wohler fühlen, ist das des Berufes. Sie streben eher dem männlichen als dem weiblichen Prinzip nach.

Sie lieben es, durch Leistung zu überzeugen, sich zu messen und andere zu besiegen. Sie mögen es, Recht zu haben und zu gewinnen. Es geht ihnen gut und sie meistern ihr Leben – so lange, bis sie sich verlieben. Verliebt sein bedeutet Kontrollverlust, und den hassen sie. Wenn sie sich verlieben, versuchen sie auch hier die Kontrolle zu behalten, was oft nicht gelingt. Vor allem wird es schwierig, wenn frühkindliche Erlebnisse in diesen Frauen gleichzeitig eine große Sehnsucht nach Nähe entstehen lassen, die ein Mann nicht erfüllen kann.

Vivien Leigh – *die* Liebe-Leistungs-Frau

Eine ganz besonders herausragende Liebe-Leistungs-Frau war Vivien Leigh. Sowohl in ihrer Rolle der Scarlett O'Hara als auch in ihrem tatsächlichen Leben verkörperte sie die Rolle der Willensfrau. Was sie sich in den Kopf gesetzt hatte, das bekam sie auch. War es die Rolle der Scarlett, bei der sie Bette Davis, Joan Crawford, Katharine Hepburn und andere ausstach, oder die wichtigste Rolle im Leben von Sir Lawrence Olivier – sie schaffte es. Sie war vom Teufel besessen, wie Selznick, der Regisseur von *Vom Winde verweht,* über sie sagte, und genau so eine Frau brauchte er. Sie tat alles, um ein Ziel zu erreichen. Auf der einen Seite spielte sie, als sei sie der Macht des Mannes erlegen, aber in Wirklichkeit behielt sie die Zügel immer fest in der Hand. Wie Scarlett zu ihrer Zeit, wusste auch Vivien Leigh, dass es besser war, dem herrschenden Geschlecht, für das Kontrolle so wichtig war, zumindest das Gefühl zu geben, dass es die Männer waren, die die wichtigen Entscheidungen trafen. Aber das Grundgefühl dieser Vivien Leigh, das sie beständig nach vorne trieb, war immer die nagende Vermutung, niemand würde sie jemals wirklich lieben, wenn sie nicht außergewöhnliche Leistungsbeweise erbrachte. Und so spielte und spielte sie, bekam die Schwindsucht, wurde manischdepressiv und gab niemals Schwäche zu. Sie war die Julia, die Ophelia, jede Wunschrolle bekam sie – nur richtig glücklich, das wurde sie nie. Ihr Hunger nach Bestätigung ließ sie immer weiter gehen, und auch Sir Lawrence Olivier verließ sie schließlich, um in der Sicherheit einer unstrapaziöseren und unattraktiven neuen Frau zu erkennen, dass Schönheit und Erfolg alleine nicht glücklich machen. Aber Glück war auch nicht das Ziel von Vivien Leigh, sondern Erfolg – und den hatte sie. Ihr Oskar für *Vom Win-*

de verweht war der wertvollste versteigerte Oskar aller Zeiten (er erzielte bei Sothebys 1993 rund 440 000 Euro) – und kaum eine Frau war je so diszipliniert, erotisch und dabei so zielgerichtet wie diese Vivien Leigh.

ÜBUNG **Wie viele Anteile für den Raum Distanz haben Sie?**

Bitte geben Sie sich 0 – 6 Punkte dafür, inwieweit die Aussagen auf Sie zutreffen:
0 = trifft absolut gar nicht auf mich zu 6 = trifft zu 100 % auf mich zu

---

1. Wenn ich mich öffne, jemand an mich heranlasse, begebe ich mich in Gefahr. ______
2. Ich befürchte, dass ich mich verliere, wenn ich jemandem nahekomme. ______
3. Wenn ich in enger Beziehung zu jemandem stehe, werde ich unruhig. ______
4. Wenn ich mich verliebe, habe ich Angst, die Kontrolle zu verlieren. ______
5. Eigentlich bin ich nicht sehr emotional. ______
6. Was in mir vorgeht, mache ich mit mir selbst aus, das geht niemanden etwas an. ______
7. Anhängliche Menschen machen mich nervös. ______
8. Meinen Lebensschwerpunkt sehe ich in meinem Beruf. ______
9. Verliebt sein ist eher eine Krankheit als ein schöner Zustand. ______
10. Das Rilke-Gedicht hat mich angesprochen. ______

Gesamtpunktzahl ______

Die Angst vor Selbstwerdung, erlebt als Ungeborgenheit und Isolation

»Lasst die Flieger kreisend – Trauer sei Gebot
An den Himmel schreiben: Er ist tot.
Straßentauben gebt um den Hals starre Kreppkragen,
Polizisten lasst schwarze Handschuh' tragen.

Er war mir Nord, mir Süd, mir Ost und West;
Des Sonntags Ruh' und der Woche Stress.
Mein Tag, mein Gesang, meine Rede, meine Nacht.
Ich dachte, Liebe währet ewig – falsch gedacht.

Sterne sind jetzt unerwünscht, will nichts seh'n davon,
Verpackt den Mond, zertrümmert die Sonn'.
Fegt weg den Wald und des Meeres Flut,
Nie wird es sein, so wie es war. Nie wieder gut.«

W. H. Auden

In diesem Gedicht, das auch in dem Film *Vier Hochzeiten und ein Todesfall* zitiert wird, zeigt sich die Sehnsucht nach unendlicher Verschmelzung mit einem Freund genauso deutlich wie die Weigerung, das Ende von etwas zu akzeptieren. Es ist dieses »Sich selbst finden durch die Liebe eines anderen Menschen«. Hier geht es um Symbiose, nicht um Selbstwerdung.

»Nichts wird mehr so sein, wie es war.
Ich dachte, Liebe währet ewig – falsch gedacht.«

Es ist die Hoffnung auf Ewigkeit und immerwährende Beziehung und Zugehörigkeit, die den Menschentypus prägt, der hier spricht. Wenn der geliebte Mensch nicht mehr da ist, sei es, dass er gestorben ist oder sich getrennt hat, fällt es der Nähe-Frau wesentlich schwerer als anderen Frauen, wieder Fuß zu fassen, sich auf sich selbst zu beziehen und ein neues Leben zu beginnen. Sie wünscht Verschmelzung, möchte ganz und gar aufgehen in ihrem Gegenüber. Sie definiert sich selbst nicht aus sich heraus, sondern durch die Augen des geliebten Menschen. Wenn sie ihm gefällt, dann ist sie richtig – gefällt sie dem Gegenüber nicht, passt sie sich an, so lange, bis sie sich geliebt fühlt. Damit wird sie leicht Spielball der anderen.

Streben nach Nähe – die depressive Disposition

Auch diese psychologische Disposition, die Suche nach Nähe, hat ihren Ursprung, genau wie ihre Gegenposition, das Streben nach Distanz, in der frühen Beziehung des Kindes zur Mutter. So wie die nicht liebevolle Mutter hervorrufen kann, dass wir uns von anderen zurückziehen, so kann sie auch bewirken, dass wir mit dem anderen verschmelzen wollen. Der erwachsene Mensch sucht nun, was er als Kind nie erfahren hat, das Angenommensein durch einen liebenden Menschen. Die Schwierigkeit dabei ist nur, hat das Kind nie erlebt, wie es ist, bedingungslos geliebt zu werden, wird sich die erwachsene Frau schwertun, dieses Gefühl in einer Beziehung wirklich zu finden.

Dieser einen großen Liebe zu begegnen, das ist der Stoff, aus dem die Liebesdramen der Welt sind: Romeo und Julia – sie sehen einander und wissen, sie können nur noch miteinander leben, nie mehr alleine; und so gehen sie lieber in den Freitod als in ein Leben ohne den anderen. Auch Tristan und Isolde finden ein tragisches Ende. Allen voran zeigt Psyche, die um ihren geliebten Amor wiederzufinden ihr Leben riskiert und in die Tiefen der Unterwelt hinabsteigt, weil ein Leben ohne diesen einen Mann eben kein Leben für sie wäre, die große Bedeutung der Zweisamkeit für diesen Typus. Solche Geschichten illustrieren eine Lebensweise, die den Sinn darin findet, geliebt zu werden, zusammen zu sein, anstatt ein autonomes Leben zu führen.

Psyche – das Gegenbild zu Medea

Psyche ist das Gegenteil von Medea: eine Frau, die in der Nähe mit dem Mann verschmelzen möchte. Sie hasst Autonomie. Sie möchte nicht für sich alleine, ihre Karriere oder Selbstverwirklichung leben, sondern einzig und allein für einen anderen Menschen. Für Mann oder Kinder. Ihre Angst besteht darin, alleine durch dieses Leben gehen zu müssen. Sie empfindet die eigene Selbstwerdung als Isolation.

Diese Sehnsucht nach Nähe ist bis heute mehr im weiblichen als im männlichen Wesen vertreten. So bedingt das eine das andere. Häufig suchen nach Distanz strebende Männer Frauen, deren Sehnsucht die Nähe ist, weil diese Frauen sie in ihrem Defizit quasi ausgleichen können. So fühlt sie für ihn, und er leistet für sie. Das sind dann sogenannte komplementäre Beziehungen, die durch ein Muster aufrechterhalten werden, bei dem ein Partner etwas für den anderen übernimmt. Das Problem bei dieser Art der Beziehung ist, dass hier nicht der andere Mensch an sich gesehen wird, sondern nur als derjenige wichtig ist, der sicherstellt, dass man selbst so bleiben kann, wie man ist.

Frauen, die in jungen Jahren schon völlig in einem anderen Menschen, meist einem Mann, aufgehen, versäumen häufig einen wichtigen Teil ihrer eigenen Entwicklung. Der richtige Zeitpunkt, sich in eine Beziehung wirklich tief einzulassen, ist dann, wenn die eigene Persönlichkeit herausgebildet ist und der so erwachsen Gewordene sich sowohl hingeben, also Nähe aushalten, als auch wieder aus ihr herauskommen kann, um das eigene Leben zu leben.

Dies fällt Männern heute noch leichter als Frauen. Aber auch hier gehen wir im 21. Jahrhundert einer Änderung entgegen. Die Pole werden sich drehen und vielleicht irgendwann einmal ausbalanciert sein. Die Frauen sind auch hier auf dem Vormarsch. Sobald alle Frauen gelernt haben, dass sie, gerade wenn sie in einer Beziehung leben, ihre eigenen Ziele im Auge behalten und sie nicht mehr für die Beziehung aufgeben und damit zum Opfer werden müssen, werden die Männer sich anpassen und das für selbstverständlich halten.

Lauren Bacall – die versteckte Psyche

Das Paradebeispiel einer verkappten Psyche, die durch die Liebe zu einem Mann völlig andere Seiten an sich selbst kennenlernt, ist Lauren Bacall. Lauren Bacall, die mit Filmen wie *Haben und Nichthaben* und *Wie angelt man sich einen Millionär* berühmt wurde, war von Anfang an wenig narzisstisch, und als sie 1943 Humphrey Bogart kennenlernte, verliebte sie sich so sehr in ihn, dass sie die Nächte durchheulte, weil er noch verheiratet war. Sie ließ sich selbst von Clark Gable nicht trösten. Als sie 1945 den 25 Jahre älteren Bogart heiratet, tritt sie in ihrer Karriere mit den Worten zurück: »Star sein ist kein Beruf, das ist ein Unfall.« Sie will Familie und Kinder, wie so viele – und sie bekommt, was sie ersehnt, und führt so ein glückliches Leben mit dem Mann ihrer Träume.

ÜBUNG **Wie viele Anteile für den Raum Nähe haben Sie?**

Bitte geben Sie sich 0 – 6 Punkte dafür, inwieweit die Aussagen auf Sie zutreffen:
0 = trifft absolut gar nicht auf mich zu 6 = trifft zu 100 % auf mich zu

---

1 Ich selbst bin nicht so wichtig – nur im Einsatz für dich bin ich wichtig. ________

2. Ich befürchte, dass ich alleine nicht gut zurechtkommen werde. ________

3. Wenn ich nicht in enger Beziehung zu jemandem stehe, werde ich unruhig. ________

4. Wenn ich mich an jemanden verlieren kann, bin ich glücklich. ________

5. Eigentlich bin ich sehr emotional. ________

6. Was in mir vorgeht, möchte ich mit meinem Liebsten teilen. ________

7. Distanzierte und harte Menschen mag ich nicht. ________

8. Meinen Lebensschwerpunkt sehe ich in meinem Privat- und Beziehungsleben. ________

9. Zu lieben, das ist das Schönste auf der Welt. ________

10. Das Gedicht spricht mir direkt aus der Seele. ________

Gesamtpunktzahl ________

Bei den nächsten zwei gegensätzlichen Richtungen handelt es sich um Dauer und Wandel:

- die Angst vor Beständigkeit, erlebt als Endgültigkeit und Unfreiheit
- die Angst vor Wandel, erlebt als Vergänglichkeit und Unsicherheit

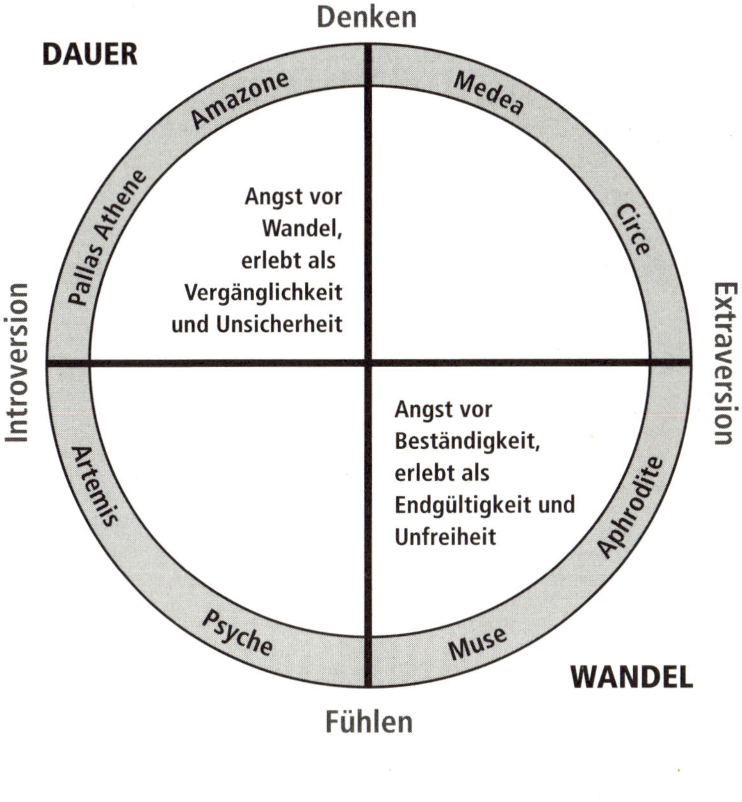

Sehnsucht nach Sicherheit und Hunger nach Abwechslung

Diese Achse dreht sich um die Zeit. Wie lange sollte ein schöner Augenblick dauern? Derjenige, der sich eher im Raum Wandel wohlfühlt, sagt sich, der schönste und glücklichste Moment werde langweilig und verliere seinen Reiz, wenn er zu lange währe. Derjenige, der sich im Raum Dauer befindet, möchte eine Garantie für die Unendlichkeit in allen Lebensbreichen: »...*werd ich zum Augenblicke sagen, verweile doch, du bist so schön* ...« (Goethe, Faust I). Faust konnte durch sein Bündnis mit Mephisto alles sehen und erfahren, was er nur gewollt hatte, und doch wünschte er sich nur eines, diesen Augenblick des unendlichen Glücks zu erleben, für den er alles andere aufgeben könnte.

Gibt es einen Augenblick im Leben eines Menschen, der so schön ist, dass jemand dadurch Unendlichkeit erreicht? Sehr beeindruckend wurde dieses Thema in dem Film *Stadt der Engel* aufgegriffen, in dem der Engel Seth, gespielt von Nicolas Cage, sein himmlisches Dasein aufgibt, um die geliebte Frau, Maggie, gespielt von Meg Ryan, lieben zu können. Das tragische Ende bleibt natürlich nicht aus. Sie stirbt und er lebt alleine den Rest seiner Tage ... und wird es nie bereuen, die Unendlichkeit gegen wenige Stunden des tief empfundenen Glücks eingetauscht zu haben. Dieses Wechselspiel von Dauer und Wandel berührt den Menschen immer wieder. Er schwankt in der Gewissheit seiner Endlichkeit zwischen dem Wunsch nach Sicherheit und dem romantischen Streben nach Transzendenz.

Die Angst vor Beständigkeit, erlebt als Endgültigkeit und Unfreiheit

»Wie jede Blüte welkt
und jede Jugend dem Alter weicht,
blüht jede Lebensstufe,
blüht jede Weisheit auch und jede Tugend
zu ihrer Zeit und darf nicht ewig dauern.

Es muss das Herz bei jedem Lebensrufe
bereit zum Abschied sein und Neubeginne,
um sich in Tapferkeit und ohne Trauern
in and're, neue Bindungen zu geben.

Und jedem Anfang wohnt ein Zauber inne,
der uns beschützt und der uns hilft zu leben.

Wir sollen heiter Raum um Raum durchschreiten,
an keinem wie an einer Heimat hängen,
der Weltgeist will nicht fesseln uns und engen,
er will uns Stuf' um Stufe heben, weiten!

Kaum sind wir heimisch einem Lebenskreise
und traulich eingewohnt,
so droht Erschlaffen!

Nur wer bereit zu Aufbruch ist und Reise,
mag lähmender Gewohnheit sich entraffen.
Es wird vielleicht auch noch die Todesstunde
uns neuen Räumen jung entgegen senden:
des Lebens Ruf an uns wird niemals enden.
Wohlan denn, Herz, nimm Abschied und gesunde!«

HERMANN HESSE, »STUFEN«

»*Jedem Anfang wohnt ein Zauber inne...*« – Das ist der Leitspruch der Wandel- und Wechselfrau. Lieber Intensität heute als ein Eheversprechen auf Dauer. Lieber eine spannende berufliche Herausforderung für die nächsten Monate als eine sichere, aber langweilige Lebensstellung.

»... blüht jede Weisheit auch und jede Tugend
zu ihrer Zeit und darf nicht ewig dauern.«

Die hysterische Disposition

Hier äußert sich die Angst, festzukleben, die Angst, dass etwas ewig währen könnte. Genau dies wird die Wandelfrau um jeden Preis vermeiden. Sie will und wird nicht in der eigenen Mittelmäßigkeit, in einer vorgeblichen Harmonie ersticken; diese Unruhe treibt sie immer wieder zu neuen Abenteuern. Es sind aber auch die Sucht nach Anerkennung und der eigene Narzissmus, die hier Bestätigung suchen. Diese Frau inszeniert sich, betrachtet ihr Leben als eine große Bühne. Es ist nicht das Gegenüber, das sie fasziniert, sondern der Spiegel, der ihr zeigt, wie sie ist oder wie sie sein kann. Sie liebt die Liebe und braucht das Gefühl des Begehrt-Werdens wie die Luft zum Atmen. Dabei ist sie eine Künstlerin der erotischen Verführung, der großen Leidenschaften. Sie gibt sich scheinbar ganz hin, schwört ewige Liebe und hat am nächsten Morgen vergessen, was sie beteuert hat.

Sie lügt dabei niemals, weil sie immer empfindet, was sie sagt, nur die Empfindung an sich ist nicht von Dauer. Was sie zudem ausmacht, ist ihre unendliche Vorstellungskraft. Sie projiziert und ist eine Meisterin der Illusion. Kein Wunder also, dass, sobald sie merkt, die Wirklichkeit kann dem illusionären Bild nicht standhalten, sie ihre Sachen packt und weiterzieht in den nächsten schönen Traum, bis dieser eben auch wieder an der Realität zerplatzt wie eine Seifenblase an einem Kaktus.

Die Wandelfrau – eine große Schaupielerin

Die Wandelfrau ist eine Schauspielerin des Lebens, inszeniert sich selbst, ist jedes Mal anders, sieht niemals gleich aus. Sie ändert ihr Outfit, ihre Lover, ihre Lieblingsbeschäftigungen – und das am liebsten ständig. Soll sie an einer Stelle bleiben, erfüllt das sie mit Angst, die sich oft auch als Langeweile zeigt, und sobald sie sich langweilt, ist sie weg. Würde sie verweilen, zum Beispiel in einer dauerhaften Beziehung leben und den Partner Tag für Tag sehen und der Mann ihrer Träume, vor dem sie immer die Diva sein möchte, würde sie tagein, tagaus treffen, bereitete ihr das Unbehagen. Denn der Alltag entlarvt jede Inszenierung. Diese Wandelfrau hat häufig auch die Neigung zur Distanz.

»Es muss das Herz bei jedem Lebensrufe
bereit zum Abschied sein und Neubeginne,
um sich in Tapferkeit und ohne Trauern
in and're, neue Bindungen zu geben.«

Sie nimmt Abschied, wenn eine Beziehung ihren Höhepunkt erreicht hat, weil sie instinktiv spürt, der Rest ist Alltag, und den hasst sie.

»Kaum sind wir heimisch einem Lebenskreise
und traulich eingewohnt,
so droht Erschlaffen.«

Unzufriedenheit – ein starker Antrieb

Für diesen Typus ist Beständigkeit gleichzusetzen mit Eintönigkeit, die Vorstellung, dass eine dauerhafte Bindung, ein dauerhafter Wohnort oder eine langfristige Anstellung Sicherheit geben könnten und diese Sicherheit ein gutes Gefühl ist, kennt sie nicht. Sie sucht den Wandel um jeden Preis. Zufriedenheit ist für sie das Schlimmste überhaupt. Findet sie Zufriedenheit, so erlischt die Kraft, sich zu bewegen, sich zu entwickeln und dem eigenen Lebenssinn auf der Spur zu bleiben. Ihr Antrieb ist die Unzufriedenheit mit dem Status quo, und so geht sie immer weiter und weiter, bis sie ganz oben landet, und selbst dann kann sie keine Ruhe geben. Sie ist die Aphrodite, die sich im luftigen Raum am wohlsten fühlt, sie hat viele Liebhaber und bindet sich an keinen wirklich. Sie liebt es, sich auszuprobieren, dabei aber die Fäden in der Hand zu behalten.

»Wohlan denn, Herz, nimm Abschied und gesunde!«

Diese Frau ist im Herzen eine Zigeunerin, sie will niemals stehen bleiben. Auch Circe ist eine Wandelfrau, und so kann sie Odysseus leicht ziehen lassen, in dem Wissen, dass bald ein anderer Seemann an ihrer Insel stranden wird.

Der Einbruch der Realität in die Kinderwelt

Wie entsteht diese Neigung zu Wandel und Vielfalt in der Kindheit? Während ab dem zweiten Lebensjahr das »magische Denken« beginnt, das ein Kind glauben lässt, durch Wünsche und Fantasieren Wirklichkeiten kreieren zu können, muss es sich spätestens ab dem vierten bis fünften Lebensjahr mit der Realität auseinandersetzen. Je nachdem, wie dieser Sprung aus der Welt der Fantasie hinein in die Wirklichkeit gelingt, ist die erwachsene Frau später immer noch mehr oder weniger geneigt, ihre eigene Welt, fern von den Realität, selbst zu gestalten. Die magischen Verträge, die Kinder mit dem Leben schließen, werden in dieser späteren Phase entweder aufgegeben oder sie manifestieren sich als sich selbst erfüllende Prophezeiungen.

Wenn das kleine Mädchen anfängt, seine Welt zu entdecken, beginnen die ersten Widersprüche. So gerne, wie es eine neue Welt erobern möchte, so groß ist auch die Sehnsucht nach der schützenden Mutter. Wir sehen, das Leben ist stets ambivalent. Wir sind hin- und hergerissen zwischen scheinbar widersprüchlichen Wünschen. Später erst werden wir erkennen, dass diese Wünsche häufig nur die zwei unterschiedlichen Seiten einer Medaille sind.

Berühmte Wandelfrauen

Für Wandelfrauen ist die Bühne der Ort, an dem sie am glücklichsten sind, und so ist es nicht verwunderlich, dass wir unter diesem Typus sehr viele Diven finden: Marilyn Monroe, Rita Hayworth, Elizabeth Taylor, Madonna und etliche andere Stars gehören dazu. Viele Schauspielerinnen und Sängerinnen sind durch und durch Wandelfrauen, versehen mit einer ordentlichen Portion Narzissmus und einem tiefen inneren Bedürfnis, es der Welt zu zeigen. Es ist selten der harmonisch in sich ruhende Mensch, der es an die Spitze schafft. Viele der Stars sind nicht aufgefallen, weil sie berühmt wurden – sondern sie sind berühmt geworden, weil sie eine auffällige psychische Disposition hatten.

ÜBUNG

Wie viele Anteile für den Raum Wandel und Wechsel haben Sie?

Bitte geben Sie sich 0 – 6 Punkte dafür, inwieweit die Aussagen auf Sie zutreffen:
0 = trifft absolut gar nicht auf mich zu 6 = trifft zu 100 % auf mich zu

---

1. Ich liebe es, mich in verschiedene Lebensrollen zu begeben. ____________
2. Bei Routinearbeiten verliere ich schnell die Lust. ____________
3. Es gibt nichts Schlimmeres, als sich zu langweilen. ____________
4. Die Ehe ist eine Erfindung für Langweiler. ____________
5. Am liebsten würde ich auch noch in der Zeit reisen. ____________
6. Am liebsten bin ich mit Menschen zusammen, die mich begehren und bewundern. ____________

7. Langweilige Prinzipienreiter finde ich schrecklich. ________

8. Ich möchte eine spannendes Berufsleben und ein tolles Liebesleben. ________

9. Verliebt sein ist das Schönste auf der Welt. ________

10. Das Gedicht *Stufen* trifft bei mir genau den Punkt. ________

Gesamtpunktzahl ________

Die Angst vor Wandel, erlebt als Vergänglichkeit und Unsicherheit

> *»›Was tun Sie‹, wurde Herr K. gefragt, ›wenn Sie einen Menschen lieben?‹ ›Ich mache einen Entwurf von ihm‹, sagte Herr K., ›und sorge, dass er ihm ähnlich wird.‹ ›Wer? Der Entwurf?‹ ›Nein‹, sagte Herr K., ›der Mensch‹«*
>
> Bertolt Brecht, »Wenn Herr K. einen Menschen liebt«

Am Anfang ist der Plan

Jede Lebenssituation erst einmal in einem Entwurf zu planen, sie abzuwägen und sich dann erst hineinzubegeben, das ist der Wunsch desjenigen, der die Dauer liebt. Diese Dauer-Frauen bleiben lieber in einer gewohnten Situation, als etwas unbekanntes Neues zu wagen. Sie werden Tätigkeiten und Beziehungen vorziehen, die kalkulierbar und dauerhaft sind. Ihr Motto heißt: Lieber Sicherheit als Abenteuer.

Dieser Typus ist häufiger bei Männern anzutreffen. Ein typisches Beispiel beschreibt Tolstoi in Anna Kareninas Ehemann, dem trockenen Beamten Alexej Karenin. Mit seinem starren Festhalten an dem, was ist, treibt er Anna in die Verzweiflung und letztendlich in den Freitod. Hier geht es weniger um das Festhalten einer Liebe als um das Festhalten an einer Beständigkeit. Eine typische weibliche Vertreterin des Dauer-Menschen ist Erzherzogin Sophie, Kaiserin Sissis Schwiegermutter, die das strenge Hofzeremoniell so verinnerlicht hat, dass sie es über persönliche Beziehungen stellt und damit ihrem Sohn und der armen Sissi das Leben schwermacht. Eine Karikatur dieser Disposition begegnet uns in der putzsüchtigen Mutter aus Tatis Film *Mein Onkel*, die in ihrem durchgestylten Haus stets Ordnung schaffen will, wo es gar nichts zu ordnen gibt.

Angst vor Veränderung – die zwanghafte Disposition

Der Beständigkeitstyp ist nicht fähig, loszulassen und dadurch Neues zu ermöglichen. Der Ursprung dieser Vorliebe wird, wie bei der Wandelfrau, auch hier in der Phase gelegt, da es beim Kind darum geht, sich mit der tatsächlichen Welt zu beschäftigen. Es ist die Zeit, in der ein Kind anfängt, sich mit Ge- und Verboten zu beschäftigen, also individualpsychologisch gesehen die Vertreibung aus dem eigenen Paradies erlebt. Das Kind erfährt nach der Abhängigkeitsphase nun, dass es Forderungen erfüllen muss, und so probiert es natürlich auch aus, sich diesen zu widersetzen. Wird das Kind jetzt sehr stark gehemmt im Verfolgen seiner eigenen Ziele und lernt, dass nur das Einhalten von Regeln die erwünschte Sicherheit und Geborgenheit der elterlichen Liebe bietet, kann es passieren, dass der erwachsene Mensch immer dann Angst bekommt, wenn sich die Dinge zu schnell ändern. Dann wird er zwanghaft und versucht an Bestehendem festzuhalten, um den Wandel zu verhindern und Beständigkeit zu finden.

Blicken wir in die Mythologie, so ist Pallas Athene, die ihrem Vater Zeus in voller Rüstung aus dem Kopf springt, diejenige, die vor allem vernunftgeprägt ist. Sie entscheidet in erster Linie aus logischen Motiven und erst nachrangig aus emotionalen – und trifft dabei ungern schnelle Entscheidungen.

Der schnelle Wandel – Herausforderung für den Dauer-Menschen

In einer Zeit immer schnellerer Veränderungen, in der Flexibilität und Dynamik neben Intuition die wichtigsten Erfolgsfunktionen sind, ist der Wunsch nach Beständigkeit kein guter Ratgeber und Weggefährte. Frauen, die sehr stark verhaftet sind in dem, was ist, und wenig Bereitschaft haben, sich dem zu öffnen, was werden kann, haben es schwer in unserer Gesellschaft. Sie werden lieber den vergangenen Zeiten nachweinen als sich der Zukunft zuzuwenden. Aber auf das, was war, gibt es heute nichts mehr. Es gilt, sich eine neue Welt zu erschließen, sich Möglichkeiten zu suchen oder zu schaffen, das Vorstellungsvermögen zu schärfen und auszubilden und zu lernen, alte Zöpfe abzuschneiden, loszulassen und sich selbstbestimmt die Welt anzueignen. Selbstverständlich ist es sinnvoll, ab und zu Bewährtes festzuhalten, aber niemals um den Preis des Stillstandes. Denn Entwicklung heißt Veränderung, und genau darum geht es: sich dem Wandel zu stellen, ihn gar zu initiieren. Denn wer schnell und intuitiv erfasst, was an Veränderung auf ihn zukommt, kann agieren – der Langsame hat nur noch die Chance zu reagieren.

Frauen sind multitaskingfähig

Da Frauen aufgrund ihrer Gehirnstruktur multitaskingfähig sind, es ihnen leichtfällt, mehrere Dinge gleichzeitig zu tun, dürfte es gerade für Frauen wesentlich einfacher sein, mit Wandel umzugehen, als für Männer. Männer sind aufgrund ihrer Gehirnstruktur und der evolutionären Sozialisation als Jäger eher eindimensional zielorientiert. Sie gehen zur Jagd, um ein bestimmtes Tier zu schießen, Frauen gehen sammeln und nehmen dabei mit, was sie heute oder in Zukunft gut gebrauchen können. Fragt man sie, warum sie dies oder jenes getan haben, geben sie oft zur Antwort, »ach, nur so aus dem Gefühl heraus«, und genau dieses Gefühl für das, was ist, und das, was sein kann, bringt uns einen unübersehbaren Vorsprung für die Zukunft, den es auszubauen und zu perfektionieren heißt.

ÜBUNG

Wie viele Anteile für den Raum Dauer haben Sie?

Bitte geben Sie sich 0 – 6 Punkte dafür, inwieweit die Aussagen auf Sie zutreffen:
0 = trifft absolut gar nicht auf mich zu   6 = trifft zu 100 % auf mich zu

---

1. Ich bin so, wie ich bin, und ich werde mich auch nicht sehr ändern. ______
2. Routinearbeiten sind wichtig und geben Sicherheit. ______
3. Es gibt nichts Schlimmeres, als sich ständig in neue Situationen begeben zu müssen. ______
4. Die Ehe ist eine gute Sache. ______
5. Weite Reisen in fremde Länder muss ich nicht haben. ______
6. Am liebsten bin ich mit Menschen zusammen, die ich gut kenne. ______
7. Unzuverlässige Traumtänzer finde ich schrecklich. ______
8. Ich möchte ein sicheres Berufsleben und ein ausgeglichenes Privatleben. ______
9. Verliebt sein ist Kontrollverlust und bringt nur Ärger. ______
10. Der Text von Herrn K. spricht mich an. ______

Gesamtpunktzahl ______

Vier Frauen auf der Suche nach dem Glück – 1. Teil

Lassen Sie uns zur Veranschaulichung dieser vielen Theorien die Lebensgeschichten von vier unterschiedlichen Frauen betrachten. Die vier sind Freundinnen und es verbindet sie eine gemeinsame Sehnsucht: die Suche nach dem Glück. So treffen sie sich regelmäßig bei ihrem Lieblingsitaliener und erzählen sich Neuigkeiten aus ihrem Berufs- und Liebesleben.

Alex

Alex ist 37. Sie hat eine erstaunliche Karriere als Marketingleiterin bei einem Kosmetikhersteller gemacht. Sie ist international tätig. Ihre Ehe wurde geschieden, da sie sich permanent eingesperrt fühlte und ihr Mann mit ihrem Freiheitsdrang nicht zurechtkam. Seitdem hat sie die ein oder andere leidenschaftliche Affäre gehabt, jede davon nahm ein unglückliches Ende. Zum Trost arbeitet sie nach einer misslungenen Beziehung stets noch mehr – und entwickelt noch bessere Marketingideen. Seit rund einem Jahr ist sie mit Paul zusammen, dem sehr erfolgreichen und attraktiven Vertriebschef einer edlen Automarke. Er lebt in England, sie in Deutschland. Sie sehen sich selten – aber vielleicht geht es gerade deswegen gut zwischen ihnen. Das Einzige, was immer wieder zu Streit führt, ist Alex' Wunsch nach Pauls Erreichbarkeit. Und genau an diesem Punkt macht er nicht mit. Seinen Drang nach Freiheit lebt er darin aus, dass er sich nicht verpflichten will, sich zu melden oder eben zurückzurufen. Immer wenn sie ihn nicht erreichen kann oder er sie nicht zurückruft, fängt sie an, sich Sorgen zu machen. Sorgen machen ist in ihrem sonstigen Leben für sie eher untypisch. Sie liebt das Risiko. Aber immer wenn Alex sich verliebt, ist eben alles anders. Anfänglich rebellierte sie gegen Pauls Verhalten, später – als sie merkte, dass eine Änderung in diesem Punkt schier unmöglich ist, schien sie es einfach zu akzeptieren. Das Verhältnis der beiden ist im Vergleich mit Alex' vielen kurzen Affären als innig zu bezeichnen.

Eva

Eva ist 30. Sie ist Hausfrau. Noch während ihres Architekturstudiums lernte sie Richard kennen. Er war so viel selbstbewusster als sie, sein Auftreten und seinen Erfolg bewunderte sie unendlich. Er lud sie zum Essen ein, warb um sie und bat sie schließlich, seine Frau zu werden.

Weil sie sich in seiner Nähe immer so wunderbar geborgen und beschützt fühlte, heiratete sie ihn, als sie noch sehr jung war. Sie studierte noch zu Ende – aber nach dem Diplom wurde sie schwanger, und da er als Junganwalt in einer aufstrebenden Kanzlei ganz gutes Geld verdiente, blieb sie erst einmal zu Hause, kümmerte sich um das gemeinsame Töchterlein und darum, dass es Richard an nichts fehlt. Sie kommt immer mehr aus dem Berufsleben heraus und Richard fände es auch nicht gut, wenn sie wieder arbeiten wollte.

Pat

Pat ist 42 und Psychologin. Ihre Praxis hat sie aufgegeben und arbeitet seit Jahren recht erfolgreich, aber mit wenig finanzieller Anerkennung bei einer sozialen Einrichtung, die sich für Menschenrechte einsetzt. Sie kämpft für die Unterdrückten dieser Erde. Privat engagiert sie sich für den Umweltschutz und die Tiere. Seit eine langjährige Beziehung in die Brüche gegangen ist, scheint es, als habe sie dieses Thema für sich abgehakt. In ihrem beruflichen Umfeld ist sie sehr engagiert – aber befördert werden immer die anderen. Sie legt sich gerne mit jedem an, der eine andere Meinung vertritt, und nimmt niemals ein Blatt vor den Mund.

Rosalie

Rosalie ist mit 25 die Jüngste und ein lebenslustiges Girlie. Sie sieht – groß, schlank und blond – aus wie eine Mischung aus Claudia Schiffer und Kate Moss. Sie arbeitet halbtags in einer Modefirma als Mädchen für alles. Manchmal bekommt sie einen Job als Modell oder Hostess auf einer Messe. Sie träumt davon, Schauspielerin zu werden. Ihr momentaner Freund ist 20 Jahre älter als sie und verheiratet. Als erfolgreicher Geschäftsmann in der Modebranche verschafft er ihr ab und zu Aufträge und sorgt auch sonst dafür, dass seine »Kleine«, wie er sie nennt, ein angenehmes Leben hat. Er lebt bei seiner Frau und seinen Kindern, denen er erzählt, er sei auf Sitzungen, wenn er sich mit Rosalie eine schöne Zeit macht. Da die Tage, zu denen er sie besucht, immer gut geplant sind, fällt es ihr leicht, ihn ab und zu mit jüngeren Männern zu betrügen, ohne sich dabei erwischen zu lassen. Sie macht sich nicht viel daraus, weder aus ihm noch aus den anderen Männern in ihrem Leben. Mit ihrer erfrischenden Art ist sie allgemein beliebt. Sie genießt das Leben, ohne viel darüber nachzudenken – nur manchmal fragt sie sich, was aus ihr werden wird, wenn sie älter ist.

Ort
Ein nettes kleines italienisches Restaurant, die Flasche Rotwein steht schon auf dem Tisch. Der junge Besitzer, Francesco, begrüßt seine Lieblingsgäste mit Küsschen und Umarmung.

Pat sitzt bereits am Tisch. Ihre roten Haare hat sie zu einem Knoten verschlungen, ihre Kleidung ist zweckmäßig, keineswegs modisch. Sie nimmt viel Raum ein, indem sie sich über vier Meter Entfernung mit dem Kellner Georgio unterhält, der hinter dem Tresen steht.

Alex kommt herein. Ihr Gang ist zielstrebig, den bewundernden Blick von Francesco auf ihren neuen Businessmantel nimmt sie gar nicht wahr. Vermutlich nimmt sie selbst Francesco als nichts anderes wahr als den Kellner, der sie gleich mit einer Pasta versorgen wird. Sie ist von Sitzung zu Sitzung gerast und hat den ganzen Tag nichts gegessen. Ihre Laune ist entsprechend und die Knutscherei der Italiener findet sie extrem lästig. Ihr Blick zu Pat, als sie sich an den Tisch setzt, sagt ganz deutlich, dass sie es nicht für angemessen hält, sich so laut mit einem Kellner zu unterhalten.

Pat *unterbricht ihre Unterhaltung mit Georgio und wendet sich Alex zu, die am Tisch Platz nimmt* Na Alex, siehst aus, als hättest du ein schönes italienisches Essen bitter nötig.

Alex *lächelt und verkneift sich, wie so oft, die boshafte Antwort, die sie auf der Zunge hat, und antwortet etwas steif* Ja, war ein anstrengender Tag, eine anstrengende Woche, ein anstrengendes Jahr. Diese Meetings kosten mich meine letzten Nerven.

Pat *schenkt ihr und sich Wein ein und erwidert lächelnd* Hab dir ja immer gesagt, dass es sich nicht lohnt, sich für eine Firma so krumm zu machen. Hast du deinem Chef mal gesagt, dass auch du nicht mehr als 14 Stunden am Tag arbeiten kannst?

Alex *funkelt sie an und ihre sonst so bewundernswerte Contenance gerät ins Wanken* … und was würde das bringen? Ich bin erfolgreich mit meiner Art, die Dinge so zu tun, wie ich sie tue.

Pat *merkt, dass sie etwas zu weit gegangen ist, und sagt versöhnlich* Ich mach mir nur Sorgen, du bist blass und dünn. Aber wie auch immer, wie läuft's mit Paul? *Als sie das ausgesprochen hat, merkt sie sofort, dass das genau die falsche Frage war.*

Alex *versucht zu scherzen* Wer eigentlich ist Paul?

In diesem Moment geht die Tür auf und Eva kommt herein. Sich vorsichtig umblickend, als sei das Restaurant ein gefährlicher Ort, lässt sie Francescos Begrüßung über sich ergehen. Als sie die Freundinnen erspäht, hellt sich ihr Gesicht auf und sie geht schnell auf sie zu.

Eva Tut mir leid, dass ich schon wieder zu spät bin – aber Nicolchen wollte einfach nicht ins Bett und Richard, na ja ...

Pat *verdreht die Augen*

Alex Kein Problem, aber sag mal, kann dein Göttergatte denn das Kind nicht auch mal ins Bett bringen?

Eva *leicht tadelnd* Aber du weißt doch, wie fix und fertig er immer ist, wenn er nach Hause kommt. Er war auch gar nicht angetan davon, dass ich heute Abend weggehe. Ich ruf mal grad zu Hause an und sag ihm, dass ich gut angekommen bin.

Alex *rollt mit den Augen*

In diesem Augenblick wird es im Restaurant irgendwie heller: Die Augen der Männer wenden sich zur Tür, und es geht ein erotisches Knistern durch den Raum. Ohne sich umzudrehen, wissen die drei Freundinnen, dass die Vierte im Bunde sich nun auch eingefunden hat.

Rosalie *betritt nicht den Raum, sie erscheint. Ihr glattes blondes Haar umhüllt ihr sorgfältig geschminktes Puppengesicht. Ihre Füße stecken in schwarzen High Heels, und trotzdem schreitet sie anmutig auf die Freundinnen zu, nachdem sie sich bei der schmachtenden Begrüßung Francescos geschickt in Szene gesetzt hat. Sie lässt sich aus dem schwarzen Mäntelchen helfen und stellt ihre teure rosa Handtasche ab, bevor sie sich elegant auf einen Stuhl gleiten lässt. Dabei seufzt sie* Hallo Mädels, was für ein Verkehr heute!

Pat *grinsend* Innerhalb oder außerhalb deines Autos?

Alex *lachend* Ich liebe deinen Humor, Pat, wenn mir das einmal in einer Sitzung gelänge ...

Eva Würden sie dich rauswerfen. *Sie blickt neidvoll auf die manikürte Hand von Rosalie, an der jeder Fingernagel wohl auf den Mikrometer gleich lang ist. Die Blicke der anderen folgen ihrem und alle verstecken daraufhin ihre Hände unterm Tisch.*

Pat *zu Alex* Wie war denn eigentlich deine letzte Dienstreise und was machen Beruf und Liebe?

Alex *seufzt und es macht sich eine Art von Melancholie breit, die ihr so eigen ist – und jeden Zuhörer sofort innehalten lässt und in ihren Bann zieht. Bei Alex weiß man nie, ob sie eines Tages an Überarbeitung oder an gebrochenem Herzen sterben wird. Aber eines weiß man: Jede ihrer Begegnungen mit einem Mann entwickelt sich in kürzester Zeit zu einem filmreifen Melodram – aber auch häufig zu einem neuen beruflichen Durchbruch. In letzter Zeit freut sie sich immer weniger an den beruflichen Erfolgen und leidet zunehmend unter Einsamkeit. Sie lächelt, dieses Lächeln, das eine ihrer bittersüßen Geschichten andeutet, und fängt an zu erzählen.* Na ja, als ich in London war, habe ich dort natürlich Paul getroffen … Ich habe mich so auf Paul gefreut – und obwohl ich Montag einen extrem wichtigen Termin hatte, habe ich meinen Aufenthalt in London um das Wochenende verlängert, um wenigstens ein wenig Zeit mit ihm verbringen zu können …

Pat Und war es schön?

Alex Wenn er Zeit gehabt hätte und ich ein wenig entspannter gewesen wäre, hätten wir vielleicht schöne Tage miteinander verbringen können. Aber er hatte eigentlich gar keine Zeit, mich zu treffen, und war mit den Gedanken permanent im Job, hat mich gar nicht richtig wahrgenommen und nur gearbeitet. Ich hatte mir extra ein wenig Zeit genommen und frage mich, warum ich das hinbekomme und er nicht. Ich bin so wütend geworden auf ihn und seinen Laptop, dass ich ihm eine Szene gemacht habe – von wegen, er würde mich nicht lieben und dass er es ja nicht einmal für nötig befinden würde, mich zurückzurufen –, na ja, das ganze Programm eben. Außerdem hab ich ihm vorgeworfen, dass bei ihm der Beruf immer an erster Stelle steht und er überhaupt nicht in der Lage sei, jemanden zu lieben. Das war dann wohl ein bisschen zu viel. Darauf folgte dann seine Predigt über Freiheit und unser Abkommen darüber, dass jeder sein eigenes Leben leben sollte und so weiter – bis jegliches zärtliches Gefühl niederdiskutiert war und sich nur noch Enttäuschung und Einsamkeit breitmachte. Er erwähnte dabei natürlich auch noch, dass er diese ganzen Vorwürfe, Besitzansprüche und den ganzen emotionalen Wahnsinn nicht braucht und er mich für vernünftiger gehalten hätte. Aber das Schlimmste, was er gesagt hat, war, dass jeder Mensch im Grunde eben immer allein sei. Als er das sagte, wurde ich so traurig, weil ich mir alles in diesem Leben nehmen lassen wollte, aber nicht die Hoffnung darauf, dass es irgendwann doch einen Menschen geben wird, auf den ich mich wirklich hundertprozentig verlassen kann und von dem ich weiß, dass er mich liebt. Seine Äußerung, dass der Mensch im Grunde seiner Existenz immer allein sein wird, drohte alles in mir zu zerstören, woran ich glauben wollte – und so bin ich gegangen.

Sie trinkt einen Schluck Wein und spricht langsam und überlegt weiter.

Zum einen hat er natürlich recht. Es bindet zu viel Energie, und uns beiden ist der Beruf eben wichtiger. Er meinte ja schon ziemlich am Anfang, dass wir uns nicht zu sehr ineinander verlieben sollten, um unsere Energie für den Job nicht zu schmälern. Und, ganz ehrlich, meinen Beruf würde ich niemals für einen Mann opfern. Wahrscheinlich braucht er eben auch eine Frau, die sein Leben unterstützt, für ihn da ist, und nicht eine, die an ihrer eigenen Karriere bastelt und ihn nicht unterstützen kann. Ich bin eben nicht die Richtige für »ihn«.

Pat Hat er das gesagt?

Alex Nein, ganz und gar nicht. Er hat nur gesagt, dass jeder von uns seinen eigenen Weg gehen muss und wir unsere Verbindung niemals in den Vordergrund stellen dürften, und wenn mir das nicht genügen würde, müsste ich eben gehen.

Alle schweigen.

Pat *tätschelt Alex den Arm.* Das ist ja eine irrsinnige Inszenierung. Im Grunde wollt ihr doch beide das Gleiche, Alex! Mach dir doch nichts vor, ein Mann, der Tag für Tag nur für dich da ist und nach deiner Pfeife tanzt, ist doch das Letzte im Leben, was du aushalten würdest.

Alex *zieht ihren Arm weg.* Ja, schon, aber er liebt mich eben nicht genug – aber was soll's! – Ich hatte ein weitaus größeres Problem … als ich im Flieger saß, habe ich nur geheult, und das in dem Wissen, dass ich gleich nach meiner Landung auf einer Vorstandssitzung ein neues Produkt inklusive erstem Werbeentwurf vorstellen sollte – und zum einen keine Idee, zum andern völlig verquollene Augen hatte, mit denen ich nicht unter die Menschheit wollte ... *Plötzlich geht ein Strahlen über Alex' Gesicht.* Und da hatte ich die Idee überhaupt: Was Frauen wie wir brauchen, ist ein Make-up-Stift, der auch nach stundenlangem Weinen sofort die Schwellung zurücknimmt, dabei angenehm kühlt und dich unter all den Tränen strahlen lässt, als hättest du eine wundervolle Nacht gehabt. Den Werbespot dazu hatte ich in kürzester Zeit geschrieben. Eine traurige Liebesgeschichte – eine Frau, die verheult und verquollen in einem Flugzeug sitzt, die mitleidigen Blicke der Stewardessen und der vielen Frauen, die das ja alle kennen, tragische Musik im Hintergrund – dann der Griff in die Tasche, der kleine kühlende Make-up-Stift, der die Trauer nicht nur aus dem Gesicht verschwinden lässt, sondern auch aus der Seele – na ja zumindest im Spot –, dann der gelungene Auftritt. Schnitt und Einblendung des Produktes. Mein Vorstand war begeistert – und es wird nie jemand erfahren, was mich dazu inspiriert hat.

Eva Was für eine Geschichte! Das tut mir leid für dich – aber eine Beziehung bedeutet eben, Kompromisse einzugehen, ich dachte du liebst ihn.

Alex Lieben? Zumindest hat es immer sehr wehgetan, wenn wir uns nach unseren Treffen wieder getrennt haben.

Pat *nachdenklich* Wenn das dein Indiz für Liebe ist, meine Liebe, hast du aber ein Problem.

Alex Na ja, wie auch immer. Auf jeden Fall habe ich jetzt auch noch die Verantwortung für die Werbefilme dazubekommen.

Eva Und ist es das wert? Wer hält dich jetzt, wenn es dir schlecht geht?

Alex Ach Eva, wenn es keinen Typen gibt, dem mein Herz gehört, geht es mir ja nicht schlecht, und außerdem hab ich doch euch. Es lohnt sich nicht, zu lieben. Ich habe wieder meine nette Affäre mit Ramon aufgenommen. Sex mit ihm ist wie ein getanztes Adagio, und danach geht er nach Hause und ich habe meine Ruhe. Vielleicht ist Frauen, die ihre ganze Energie in den Beruf stecken, einfach nicht mehr gegeben.

Pat Wir bekommen eben immer das, was wir glauben zu verdienen. Solange du glaubst, dass du deinen beruflichen Erfolg mit deinem Privatleben bezahlen musst, wird dir immer wieder genau das passieren.

Alle Freundinnen blicken einander nachdenklich an.

Pat Und was sagt Bernd dazu? *Bernd ist Philosoph und Psychologe, er ist Alex' bester Freund – und der einzige Mann in ihrem Leben, der wirklich immer für sie da ist. Alle am Tisch fragen sich, warum die beiden nicht zusammenkommen. Aber dann hätte Alex wahrscheinlich nie wieder eine gute Idee für einen Werbespot, und außerdem: Was Alex nicht erjagen muss, ist nicht interessant für sie.*

Alex Wegen der Affäre würde er mich am liebsten verprügeln. Du kennst ihn ja, für ihn gibt es nur schwarz oder weiß, Heilige oder Hure.

Eva *mit dünner Stimme* Ich bewundere dich so dafür, wie du dich beruflich immer wieder behauptest und durchsetzt, ich würde selber auch gerne wieder in den Beruf einsteigen und wieder als Architektin arbeiten.

Pat Na, und hast du dich schon mal nach ein paar Stellen umgesehen?

Eva Ach nein, weißt du, ich würde das ja schon gerne machen, aber Richard möchte, dass ich ganz und gar für die Kleine da bin.

Pat Eure Tochter kommt doch diesen Herbst in die Schule, dann hast du doch mehr Zeit und kannst dich wieder um deinen Beruf kümmern.

Eva Ja, das stimmt schon, aber es muss sie doch jemand hinfahren und wieder abholen, und dann die Hausaufgaben und so.

Pat Du kannst sie morgens hinfahren, deine Mutter kann sie wieder abholen und vielleicht kannst du ja auch erst mal nur halbtags arbeiten?

Eva Ja, aber das ist alles gar nicht so einfach …

Pat Sag mal, willst du wirklich wieder arbeiten?

Eva Ja, ich will schon wieder arbeiten, aber mein Richard findet es eben nicht so gut.

Pat *etwas ungehalten* Meine Güte, Eva, gibt es noch eine andere

Meinung in diesem Leben, die wichtig sein könnte – wie wär's mit deiner eigenen?

Eva Was weißt du schon von Beziehungen, Pat? Du brauchst ja niemanden auf dieser Welt, du hast deinen Job, rettest die Wale und die Delfine weiß Gott wo in der Welt und bist dabei glücklich. Ich bin eben anders. Mein Mann und mein Kind sind für mich alles.

Pat Na, hoffentlich, weiß er das auch zu schätzen, meine Liebe. Ich glaube, es lohnt sich nicht, sein Leben nach jemand anderem auszurichten. Aber es ist deine Entscheidung, und dann arbeitest du eben nicht – geht euch ja gut.

Alex Sag mal ganz ehrlich, Eva, wenn du Richard nie kennengelernt hättest, wie hätte dein Leben dann ausgesehen?

Eva *wird ganz blass* Ein Leben ohne Richard? Das kann ich mir überhaupt nicht vorstellen. *Sie sinkt ein wenig in sich zusammen. Alle am Tisch warten, ob sie dem noch etwas hinzuzufügen hat, aber sie schweigt, und die anderen wissen, es ist eben nicht gut, so wie es ist – aber es wird noch lange so bleiben. Und da sie sich alle akzeptieren, wie sie sind, wird nicht weiter an dem Thema festgehalten.*

Alex *zu Pat* Wie läuft es denn in deinem Job? Bist du denn jetzt mit deinen Projekten weitergekommen?

Pat Erinnere mich bloß nicht daran! Ich hatte mich für die Leitung eines sehr brisanten Projektes beworben, in dem ich schon seit Jahren maßgeblich mitarbeite und das nun endlich größere Zuschüsse bekommen hat und umgesetzt werden soll. Zwei Wochen habe ich Tag und Nacht das Konzept ausgearbeitet. Keiner kennt sich so gut mit der Thematik aus wie ich, keiner weiß die ganzen Interna und keiner ist in dieser Sache so entschlossen und überzeugt wie ich …

Alex Und?

Pat Sie haben mich für meinen Fleiß gelobt, nehmen mein Konzept und setzen mir diese bescheuerte blonde Kuh Neumann als Leiterin vor die Nase!

Alex Und wie hast du darauf reagiert?

Pat Na, ich habe diesem ignoranten Idioten von Chef erst mal meine Meinung gesagt! In dieser verfluchten Männerwelt machen die doch einfach, was sie wollen. Es haben nur die schönen Frauen eine Chance, die sich verbiegen, um zu gefallen.

Alex Wie hat dein Chef denn auf deinen Ausbruch reagiert?

Pat Was heißt hier Ausbruch? Ich hab nur die Wahrheit gesagt. Was machst du mich denn jetzt hier an, Alex?!

Eva *beschwichtigend* Hey, lass uns leben! Wir sind es, deine Freundinnen.

Alex Und wie hat er nun reagiert?

Pat *etwas kleinlaut* Er meinte, meine unbeherrschte Art sei genau der Grund, warum ich die Stelle nicht bekommen habe. So eine Unverschämtheit, was heißt hier unbeherrscht? Diese Berufswelt ist in einer Art ungerecht, dass es zum Himmel schreit! Irgendjemand muss doch einmal damit anfangen, da etwas zu verändern.

Alex Und was hast du damit verändert?

Pat Vermutlich gar nichts. Die Neumann hat die Leitungsfunktion, das höhere Gehalt und ich mach die Arbeit, das ist zum Kotzen!

Alex *sanft und eindrücklich* Pat, du bist ein sehr intelligenteste Wesen, aber mit deiner Art, die Dinge beim Namen zu nennen, schadest du dir unentwegt und änderst letztendlich gar nichts – und das weißt du auch.

Pat Ja, verdammt noch mal, aber ich bin eben, wie ich bin, und ich werd einen Teufel tun, um mich für dieses Patriarchat in unserer Gesellschaft zu verbiegen.

Alex, Eva und Rosalie nippen an ihren Weingläsern.

Rosalie Na ja, manchmal hilft ein tiefer Augenaufschlag schon über das ein oder andere Problem hinweg. Aber weißt du, irgendwie ist mir das in den letzten Tagen genauso ergangen wie dir.

Pat *sieht Rosalie an, etwas gereizt* Wie meinst du das?

Rosalie Ach, erst hatte ich mich für die Schauspielschule beworben. Aber die haben da so einen Andrang, dass sie nur etwa 60 Prozent der Bewerber überhaupt zum Vorsprechen einladen und von denen dann noch einmal die Hälfte aussieben. Immerhin habe ich es bis zum Vorsprechen geschafft, aber dort haben sie mir dann gesagt, ich hätte nicht die nötige Tiefe und Emotionalität, außerdem hapere es mit dem Text. Meine Güte, ich habe mich halt versprochen bei Shakespeares Balkonszene. *Sie* *zitiert.* Schwör nicht beim Mond, beim unbeständigen Mond, der seine Rundung jeden Monat wandelt. Sonst könnt sich deine Liebe auch so ändern. *Sie rollt mit den Augen, zieht einen Schmollmund.* Sag Romeo, bin ich zu schnell gewonnen? *Sie macht eine Pause.* Wer redet denn heute noch so einen Mist?

Pat An welcher Schauspielschule hast du dich denn beworben?

Rosalie Na an der klassischen von der Shakespeare-Stiftung zur Förderung junger Schauspieler.

Alex *mit Mühe ein Grinsen unterdrückend* Willst du denn klassische Theaterschauspielerin werden?

Rosalie Na, probieren kann man es doch mal. – Und das Zweite, was dann diese Woche noch schiefgegangen ist, war auf meiner Arbeit. Die haben da für einen vierwöchigen Auftrag in Barcelona eine Projektleiterin gesucht, die die Models betreut, und ich hab mich beworben. Als Antwort kam dann eine freundliche Absage mit der Begründung, dass sie mich hier nicht missen möchten. Den Job haben sie dann meiner Kollegin gegeben, die erst viel kürzer dabei ist und außerdem eine so schrecklich dominante Art und Weise hat, mit den Mädchen zu sprechen. Ich glaube, die trauen mir gar nichts zu, außer nett am Empfang rumzusitzen, die Leute zu begrüßen und ständig Kaffee zu kochen und zu servieren. Dabei schauen sie mir dann immer in den Ausschnitt. Also, liebe Pat, glaub bloß nicht, nur du hast es schwer.

Pat Und wie läuft's so mit Lover Konstantin, hat ihn seine Frau schon rausgeschmissen?

Rosalie Ach der war ganz, ganz süß, hat mich ganz lieb zum Essen eingeladen und nimmt mich nächste Woche ein paar Tage mit nach Venedig.

Eva Findest du das nicht ziemlich ungerecht seiner Frau gegenüber? Die sitzt zu Hause bei den Kindern, während ihr Mann mit seiner jungen Geliebten über den Markusplatz flaniert. Wenn mein Richard das machen würde, ich würde ihm die Hölle heiß machen!

Alex Würdest du? Oder würdest du so tun, als merktest du nichts in der Hoffnung, dass er sich eines Besseren besinnt?

Eva Warum fragst du mich so was? Mein Richard würde mich nie betrügen.

Pat *spöttisch* Das glaubt Konstantins Frau wahrscheinlich auch. Hört bloß auf mit dem romantischen Mist. Es liegt in der Natur der Männer, dass sie fremdgehen, na und Frauen sind ja auch nicht besser. *Sie blickt Alex und Rosalie wissend an.*

Rosalie Ich finde, einem verheirateten Mann muss man nicht treu sein, er ist ja seiner Frau auch nicht treu.

Pat Was für 'ne Logik – aber dir ist er wohl treu?

Rosalie Ich will gar nicht wissen, was er macht.

Pat Na, ist ja auch egal, ist letztendlich Konstantins Verantwortung, und du scheinst ja nicht darunter zu leiden, gibt dir ja auch 'ne schöne Ausrede, deine Eskapaden zu haben. Meinst du nicht, es wäre besser, deine eigenen Entscheidungen zu treffen und dein Handeln nicht abhängig davon zu machen, was die anderen tun?

Rosalie Vielleicht – aber so ist das Leben leichter, man muss es ja auch nicht so kompliziert machen. Außerdem mach ich das doch. Wahrscheinlich wäre ich einem nicht verheiraten Mann auch nicht treu – aber da hätte ich dann ein schlechtes Gewissen. Oder meinst du noch was anderes?

Pat Na, zum Beispiel könntest du mal ein bisschen mehr Energie in deine berufliche Zukunft legen, auch du wirst schließlich nicht jünger, liebe Rosalie.

Rosalie Ach kommt, lass uns über was anderes reden …

Analyse der Muster

Die fraktale Betrachtungsweise

Die Physik und die Gentechnik lehren uns, dass in einem Teilchen immer das Ganze enthalten ist. Seit *Jurassic Park* wissen wir, dass man mithilfe einer einzigen Körperzelle das ganze Lebewesen abbilden kann. Denn in einer Körperzelle befindet sich der gesamte genetische Code, wie in einem physikalischen Fraktal der gesamte Kosmos enthalten ist. Bricht man dies nun herunter auf die Psychologie, bedeutet das vereinfacht, dass in einem einzigen gesprochenen Satz, in der Körpersprache und der Interaktion von Menschen im Grunde alle Informationen enthalten sind, die ihre Vergangenheit erklären, ihre Gegenwart verstehen helfen und zu einem gewissen Grade ihre Zukunft vorhersagen können. So könnte man zum Beispiel schon bei der ersten Begegnung zweier Menschen aus deren Interaktionen ableiten, wie sich die Geschichte der beiden – bestimmte unveränderte Bedingungen vorausgesetzt – entwickeln wird, welche Probleme sie bekommen und welche Muster sich zeigen werden, aber auch, welche Ressourcen zur Problemlösung vorhanden sind. So einfach ist das in der Praxis natürlich nicht, denn Menschen entwickeln sich weiter, reagieren auf ihre Umwelt und passen sich an sich verändernde Bedingungen an. Trotzdem ist die fraktale Betrachtungsweise als Modell hilfreich, denn sie kann wiederkehrende Handlungsmuster erklären.

Nach dieser Methode sollen nun die Geschichten der vier Frauen betrachtet werden. Lassen Sie uns in die Kristallkugel schauen und herausfinden, warum sie so handeln, wie sie handeln. Beleuchten wollen wir dabei Muster, Glaubenssätze und Lebenslügen sowie die möglichen Ursachen dafür in der Kindheit. Es werden anhand der Geschichten gängige weibliche Muster erläutert und so entmystifiziert. Mit der Verdeutlichung von Mustern schaffen wir es, deren Kraft, unser Leben zu beeinflussen, zu bannen, und so kann es gelingen, sie zu verändern und zu einem höheren Grad an Selbstbestimmung zu gelangen.

Alex – die entschlossene Medea mit dem Talent, aus jeder Begegnung ein Melodram zu machen

Alex ist das Paradebeispiel der Karrierefrau. Für den Erfolg gibt sie alles auf. Manches bewusst, vieles unbewusst. Sie baut sich mit entschlossener Konsequenz ein Leben, das immer nach einem ähnlichen Muster verläuft. Karriere ist alles und das Privatleben wird untergeordnet. Da sie sich das so nicht eingestehen mag und beruflich wie privat eine Meisterin der Delegation ist, gibt sie selbst einige Dinge ihrer persönlichen Entwicklung an ihre Liebespartner ab. So sucht sie sich Männer, wie Paul, die genauso, wenn nicht noch beziehungsscheuer sind als sie selbst. Sie glaubt, dass sie entweder beruflich erfolgreich oder privat glücklich sein kann.

Dafür, dass auch beides möglich ist, hat sie kein Konzept. Dieses weibliche Muster nenne ich auch gerne das »Callas-Syndrom«. Maria Callas war eine Frau, die wie keine andere Dramatik auf der Bühne darzustellen vermochte. Aber diese Kunst schöpfte sie aus ihrem tragischen persönlichen Leben. »Nur wenn ich singe, werde ich geliebt«, war der Satz, der ihr Liebe-Leistungs-Thema zeigt, das ihr so viel Ruhm und Erfolg, aber auch zu so viel Leid eingebracht hat. Frauen mit diesem Muster müssen nahezu ausschließlich Beziehungen haben, die sie traurig machen, da sie bei jeder glücklichen Verbindung sofort Angst bekommen, durch die Nähe ihr Ego zu verlieren und ihre beruflichen Erfolge einzubüßen.

Betrachten wir nun anhand einiger Sätze und Verhaltensweisen Alex' Muster:

Indiz 1 »... und was würde es bringen?«

Muster Sie entscheidet aufgrund des Ergebnisses, nicht des Wohlbefindens. Sie denkt viel und fühlt wenig. Wenn sie fühlt, dann den Schmerz, deshalb braucht sie ab und zu Schmerz in dosierten Mengen. Er gibt ihr das Gefühl, lebendig und wertvoll zu sein. Daraus schöpft sie ihre Energie und Kreativität, der Schmerz ist der Motor ihres Erfolges.

Indiz 2 Immer wenn Alex Paul nicht erreichen kann oder er sie nicht zurückruft, fängt sie an, sich Sorgen zu machen.

Muster Es soll jemand da sein, vor allem dann, wenn sie ihn braucht, aber er soll auch nicht immer da sein. Ein wenig erwartet sie hier eine Art der Erreichbarkeit, die ihrer Funktion als Führungsperson entspricht. Sie erwartet einfach, dass andere für sie da sind, weil sie es eben auch wäre. Dass sie eine so große Sache aus einem versäumten Rückruf macht, hängt mit ihrer melodramatischen Gesamtstruktur zusammen. Was sie nicht wirklich begreift, ist, dass die Art, wie sie in ihrer Liebesbeziehung versorgt und geliebt werden will, nicht die einer erwachsenen Frau ist, sondern die eines kleinen Kindes. Das steht im krassen Widerspruch zu ihrem sonstigen Wirken und Auftreten. Dieses Verhalten kann bewusst oder unbewusst dazu führen, dass der Partner sich dem Druck des ständigen Appells an den emotionalen Versorger entziehen möchte. Hinzu kommt, dass Alex sich als Liebespartner weniger den Typus »Versorger«, sondern eher den Typ »einsamer Wolf« aussucht.

Exkurs: Warum Frauen sich immer Sorgen machen und Männer nicht zurückrufen

Viele Frauen neigen dazu, das »Sich-nicht-Melden« des Partners als Liebesentzug zu deuten. Da es sich hierbei wohl um das am meisten auftretende Übel in Beziehungskrisen handelt und Frauen immer wieder in dieser Sackgasse landen, hier ein kleiner Ausflug in dieses Thema. Es handelt sich dabei um eine sogenannte unzulässige Verknüpfung. Von einer unzulässigen Verknüpfung spricht man immer dann, wenn eine nicht folgerichtige Wenn-dann-Beziehung hergestellt wird. Also zum Beispiel: »Wenn er mich nicht anruft, dann liebt er mich nicht.«

Gerade Frauen, die ein großes Liebe-Leistungs-Thema haben, also überzeugt davon sind, dass sie nur so viel wert sind, wie sie leisten, definieren gerne ihren Selbstwert über die Handlungen ihrer Liebespartner, Chefs oder anderer. Da diese Frau sich nur geliebt fühlt, wenn sie Leistung erbringt und Rückmeldung von ihrem Gegenüber erfährt, liegt es auf der Hand, dass sie bei Wegbleiben des positiven Feedbacks sofort das Gegenteil annimmt – nämlich, dass sie eben nicht mehr geliebt wird. Das funktioniert dann in ihrem Kopf etwa folgendermaßen:

- *These 1:* Eigener Glaubenssatz über sich selbst und die Welt: »Ich selbst rufe immer alle zurück, es sei denn, sie sind für mich absolut unwichtig.«
- *Tatsache 1:* Er ruft nicht zurück.
- *These: 2:* Eigener Glaubenssatz in der Umkehrung: »Wenn ich nicht zurückgerufen werde, dann, weil ich es dem anderen nicht wert bin.«

Dieses »Nicht-wert-Sein« ist so tief im Unterbewusstsein verankert, dass es sich häufig mit großer Macht und unkontrollierbarer Dynamik in das Leben drängt. Folgende Grafik zeigt, wie sich dieses Muster psychodynamisch auf die Beziehung auswirken kann:

Beziehungsmuster: Alex

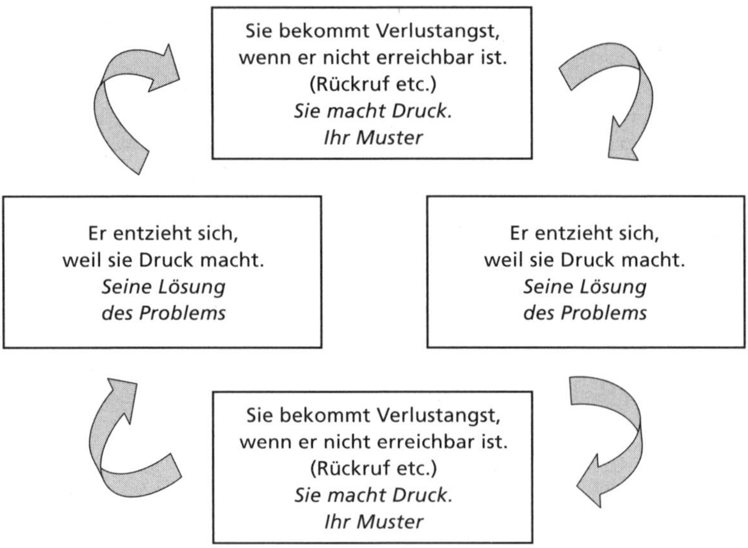

Wenn Ihr Liebster nicht gleich zurückruft, liegt das an einem der vier folgenden Gründe:

1. Er hat so viel zu tun, dass er beim besten Willen keine Zeit hat.
2. Er hat eine schlechte Kinderstube in puncto Verlässlichkeit.
3. Er demonstriert hiermit bewusst oder unbewusst sein Recht auf Freiheit.
4. Sie sind ihm tatsächlich nicht wichtig genug, Sie anzurufen.

Trifft einer der ersten drei Punkte zu, hat es keinen Sinn, zu viel Energie darauf zu verwenden. Die Energie folgt immer der Aufmerksamkeit. Je mehr Aufmerksamkeit Sie also auf diesen Punkt legen, desto mehr Raum nimmt er in der Beziehung ein und es besteht die Gefahr, dass er das »Gute« überstrahlt. Suchen Sie stattdessen die Bestätigung für die Richtigkeit Ihres Handelns nicht mehr in der Antwort eines Gegenübers, sondern nur noch bei sich selbst. Sollte Punkt 4 zutreffen, trennen Sie sich oder geben Sie ihm zumindest einen Platz in Ihrem Leben, der nicht höher ist in Ihrer Prioritätenliste als Ihrer in seiner. Trennungen tun immer weh, aber auf Dauer hat es keine Frau verdient, sich mit einem Mann zu plagen, dem sie nicht wichtig ist. Das sollten Sie sich wert sein.

Zurück zu Alex: Die gegenteilige Entsprechung des gleichen Musters wäre folgende: Nicht er entzieht sich, sondern ihr wird durch zu große Anteilnahme seinerseits die Nähe zu viel. Dieses Muster erlebte Alex in ihrer Ehe. Es ist die logische Umkehrung dessen, was sie jetzt erfährt.

Beziehungsmuster: Alex (Umkehrung)

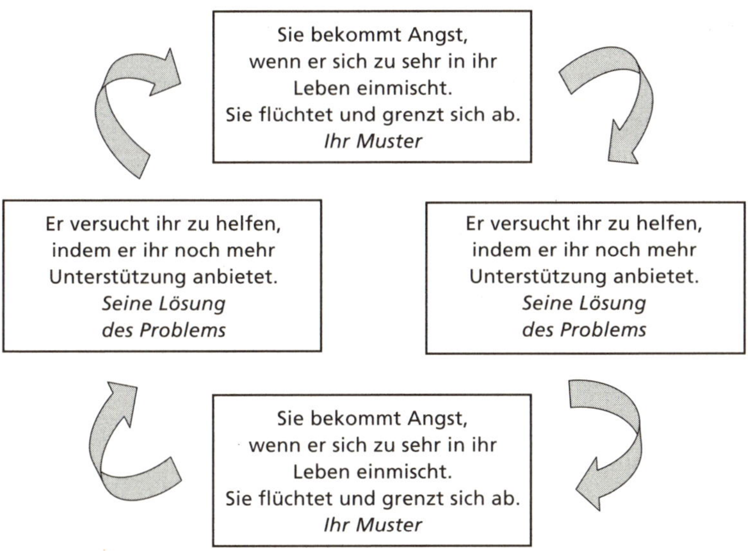

Solange sie das Thema Nähe kontra Distanz nicht für sich gelöst hat, wird es ihr immer wieder entweder in der Ausrichtung »Er ist nicht da« oder »Er ist zu viel da« begegnen. Wie man es dreht und wendet, beide Muster sind dazu geeignet, aus der eigenen Angst vor Nähe die Beziehung zu gefährden. Im ersten Beispiel hat sie einen Partner, der ihr nicht nahekommt. Im zweiten Beispiel erträgt sie seine Nähe nicht. In unserer immer einsamer werdenden Gesellschaft sind beide Muster an der Tagesordnung. Ergebnis ist in beiden Fällen, dass die Beziehung nicht wirklich eine Chance bekommt.

Indiz 3 »Ich bin eben nicht die Richtige für ihn.« – »Lieben? Zumindest hat es immer sehr wehgetan ...« – Was Alex nicht erjagen kann, ist nicht interessant für sie.

Muster In der Auswahl ihrer Liebespartner folgt Alex einem Muster, das eine Mischung aus Distanz und Wandel ist. Sie sucht sich Männer aus, die sich in letzter Konsequenz nicht auf sie einlassen wollen und vor allem eine herkömmliche Beziehung ausschließen. Sie sollen daher bevorzugt nicht in der gleichen Stadt leben, nicht zu viel Zeit haben und auch nicht zu pflegeleicht sein. Damit kann sie auch hier wieder ihr erlerntes Liebe-Leistungs-Schema wiederholen. Sie kann zeigen, dass sie auch mit den schwierigsten Typen klarkommt. Das Resultat: Am Ende wird sie immer wieder verlassen. Und auch das gehört zu dem Muster. Sie wird dann zum Opfer, was den Ausgleich zu ihrem beruflichen Umfeld schafft, in dem sie Täterin ist. Der stumme Glaubenssatz »Ich darf nicht glücklich und gleichzeitig beruflich erfolgreich sein« wird immer wieder wirksam. Da sie es nicht kennt, ohne Leistung geliebt zu werden, geht sie den bekannten Weg der größten Anstrengung. Also baut sie sich eine unglückliche Geschichte nach der anderen, um auf jeden Fall zwei Dinge zu vermeiden: Nähe und Beständigkeit.

Indiz 4 »... und es wird nie jemand erfahren, was mich dazu inspiriert hat ...«

»… und wie's da drinnen aussieht, geht niemand was an.« – Sie stellt sich dar als glänzende, souveräne und siegende Frau. Die Tränen und den Preis, den sie dafür zahlt, zeigt sie nur ihren Freundinnen. Es fällt ihr schwer, Schwäche zuzugeben und eine nicht strahlende Seite von sich selbst zu offenbaren.

Muster

Vermutlich hatte sie eine strenge Kindheit, in der sie Leistung zeigen musste, um Anerkennung und Streicheleinheiten zu bekommen. Dieses Muster verfestigte sich dann so, dass jede Entscheidung danach getroffen wird, was es bringt, wenn sie so handelt. Es steht immer der Erfolg einer Aktion im Vordergrund, niemals der Prozess. Das Eigenbild der Weiblichkeit ist bei ihr geschwächt. Vielleicht hatte sie eine Mutter, mit der sie sich nicht identifizieren wollte, um dafür dem Vater nachzueifern, um vor allem die Anerkennung des Vaters zu bekommen. Sie glaubt, sie müsse auch in der Beziehung enorm viel leisten, um geliebt zu werden. Dass ein Mensch um seiner selbst willen geliebt werden kann, passt nicht in ihr Weltbild. Sie ist nicht gut in der weiblichen Welt verankert. Deshalb greift sie zu männlichen Methoden, um erfolgreich zu sein. Eine Methode, die sich in unserer heutigen Zeit durchaus bewährt und Frauen nach vorne bringt. Der Preis dafür ist aber der Verlust des weiblichen Fühlens, und den bezahlt sie mit dem Unglück ihrer privaten Beziehungen.

Herkunft der Muster

Das Thema der Verlustangst bei Nichterreichbarkeit des geliebten Menschen entsteht bereits in den ersten Wochen nach der Geburt. Man kann sich das folgendermaßen vorstellen: In der Phase der absoluten Abhängigkeit des Kindes von der Mutter entwickelt sich das Vertrauen, das ein Mensch in die Liebe und Zuverlässigkeit eines Partners haben wird. Außerdem wird hier das Selbstverständnis des Frauseins geprägt. Hat ein Mädchen bedingungslose Liebe erfahren, wird auch die erwachsene Frau später davon ausgehen, bedingungslos geliebt zu werden, und braucht weniger die Bestätigung durch Taten und Worte. Hat sie dies aber nicht erfahren, wie das bei Alex augenscheinlich der Fall war, braucht sie immer wieder die Bestätigung durch den Partner, erhält sie sie nicht, bekommt sie Angst, die Liebe könnte ihr abhandengekommen sein. Ängste sind grundsätzlich irrational, und so fällt es schwer, sie loszuwerden, weil sie einen überfallartig heimsuchen, vor allem nachts im unbewussten Zustand des Schlafs, und ein übles Spiel treiben können.

Lebenslüge Hier heißt die Lebenslüge: »Ich könnte ja eine gute Beziehung haben, wenn die Männer mit einer starken Frau wie mir klarkämen.«

Mal ganz ehrlich. Warum werden Frauen von guten Männern verlassen? Weil sie stark sind, oder weil sie Szenen machen, eifersüchtig sind und es nicht ertragen, dass irgendetwas anderes im Leben des Liebsten wichtiger sein darf als sie selbst?

Die Schwäche vieler starker Frauen liegt darin, dass sie auf einer sichtbaren äußeren Ebene sehr stark sind und ein hohes Selbstvertrauen haben, diese Stärke aber häufig aus einem großen Narzissmus geboren ist. Aufgrund dessen haben sie dann einen sehr hohen Anspruch an den Partner, die Kollegen oder auch den Chef. Wird dieser Anspruch nicht erfüllt, verfällt die Feuerfrau leicht in ein Gefühl von Verachtung für die Schwäche oder Fehlbarkeit des anderen. Diese Verachtung zeigt sie ihm, wenn auch sehr subtil, und dafür wird sie verlassen – nicht für die Stärke. Gut, es kann sein, dass der eine oder andere Mann eine Frau verlässt, weil sie stark ist, aber solche Männer haben wirklich keine Träne verdient, sondern dienen als Lernerfahrung – genau wie die Tränen, die wir natürlich trotzdem vergießen. Aber auch diese Tränen sind manchmal nur aus der Verletzung des eigenen Narzissmus geboren.

Jeder muss wissen, dass Verletzung immer Rache nach sich zieht und Rache immer wieder als Verletzung empfunden wird und hier ein gefährlicher Kreislauf entstehen kann.

Verletzung-Rache-Verletzung-Rache-Muster

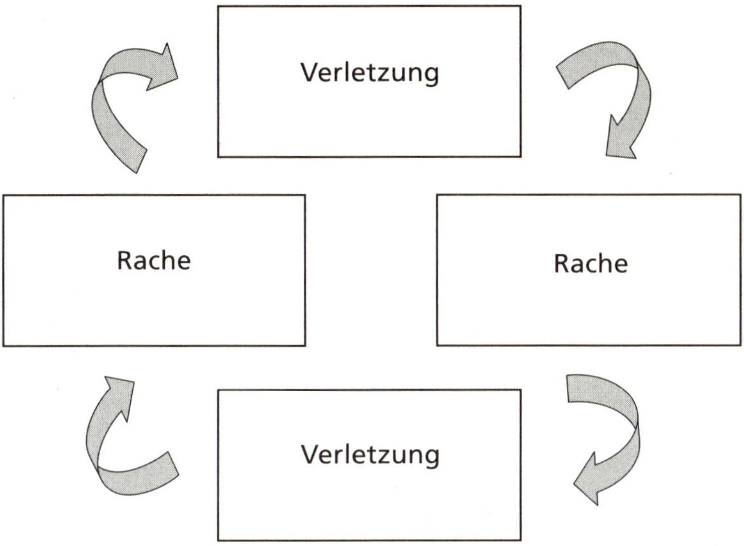

Fazit

Während ihre hohe Leistungs- und Ergebnisorientierung ein guter Motor für den beruflichen Erfolg einer Feuerfrau ist, gibt sie sich selbst durch den geringen Fokus auf das eigene Befinden zu wenig Raum. Sie gerät in Gefahr, sich für Lob und Anerkennung selbst zu verleugnen und in die Burn-out-Falle zu laufen. Die Zeiten ändern sich und es sind mehr und mehr die weiblichen Stärken im Management gefragt. Frau darf sich weiblicher zeigen. Solange sie selbst die männliche Rolle so stark besetzt, verhindert sie auch, dass der Mann in die männliche Rolle schlüpfen kann, und das endet immer im anstrengenden Konkurrenzkampf, den es gar nicht bräuchte, wenn sie sich mehr auf ihre weiblichen Stärken der Verführung (Circe) und weniger auf das männliche Prinzip der Rache (Medea) verlassen würde.

Frauen finden meist genau die Beziehungspartner, die ihnen jene Themen präsentieren, die gerade ihrer eigenen Entwicklungsstufe entsprechen. Erst wenn eine Frau wie Alex beispielsweise ihre eigene Nähe-Distanz-Problematik überwunden hat, wird sie den Partner annehmen können, der ihr tatsächlich nah sein kann und will. Erst wenn sie aufhören kann, andere zu verachten, wird sie nicht mehr so oft verletzt, weil sie einfach keine Angriffsfläche mehr in diesem Punkt bietet. Solange sie das Muster aber noch in sich trägt, wird sie denjenigen Männern begegnen, die ihr dieses Thema in der einen oder anderen Version immer wieder schmerzhaft spiegeln.

Eva – die abhängige Psyche, unfähig, ihr Leben selbst zu bestimmen

Indiz 1 »... tut mir leid, dass ich schon wieder zu spät bin ...«

Muster Sie geht mit dem Motto durch die Welt, dass vorauseilender Gehorsam besser sei als jede Art von Streit und Disharmonie. Das zeigen ihre Körperhaltung, die voreiligen Entschuldigungen und der starke Drang, immer Harmonie in das Gespräch zu bringen. Sie erträgt es kaum, dass man sie nicht mögen könnte. Im Vergleich zu Alex möchte sie aber nicht für Leistung, sondern für ihr freundliches weibliches Wesen geliebt werden.

Indiz 2 »... ich würde ja schon, aber Richard möchte, dass ich ...« – »... ja, aber das ist nicht so einfach.« – »... Ja, ich will schon wieder arbeiten, aber mein Richard findet das nicht so gut.«

Muster Eva traut sich selbst nichts zu. Weil sie sich dies nicht eingesteht, sucht sie einen Partner, der ihr diesen Part abnimmt. Er verbietet ihr, wozu ihr der Mut fehlt.

Indiz 3 »Ein Leben ohne Richard, das kann ich mir überhaupt nicht vorstellen.«

Muster Sie gibt die Verantwortung für fast alles ab, was ihr Leben ausmacht. Das Gefährliche daran ist, dass sie das nicht bewusst, sondern ganz unbewusst tut. Ihre wachsende Unzufriedenheit schreibt sie nicht sich selbst zu, sondern ihrem Mann, der das Spiel ja mitspielt. Dies ist ein klassisches Beziehungsmuster, das sich immer dann auflöst, wenn einer der beiden das Ganze aufdeckt und so das Muster unterbricht. Was würde Eva beispielsweise tun, wenn Richard einen Babysitter organisierte und sie darin unterstützte, ihren eigenen Weg zu gehen? Dann hätte sie keine Ausreden mehr und wäre mit ihren eigentlichen Themen konfrontiert.

Herkunft der Muster

Entweder wurde Eva sehr traditionell erzogen und hat sich dabei stark mit ihrer Mutter identifiziert, von der sie gelernt hat, die Männer seien dazu da, die Frauen zu beschützen, und sie lebt nun genau dieses Muster nach. Oder sie hatte eine eher fordernde Mutter und einen verzeihenden Vater, der ihr jede Schwierigkeit aus dem Weg geräumt hat. Auf jeden Fall hat sie nicht gut gelernt, sich gegen den Widerstand anderer Menschen durchzusetzen. Sie möchte um jeden Preis gefallen und glaubt, nur wenn sie lieb und anschmiegsam ist, würde sie akzeptiert. Sie denkt, wenn sie sich nicht anpasste, würde sie verlassen, und das riskierte sie niemals. Diese Muster entstehen sehr früh, etwa ab dem zweiten Lebensjahr. Hier fängt das kleine Mädchen an, die Werte der Eltern zu imitieren und Geschichten und Märchen für wahr zu halten. Es entstehen Wenn-dann-Beziehungen im mentalen System des Kindes: »Wenn ich immer schön lieb bin, dann haben mich Mama und Papa lieb – und alles wird gut.« Als Ausweg für diese Anpassung etabliert sich zur gleichen Zeit das magische Denken. Das Kind glaubt, durch Wünschen und Fantasieren Wirklichkeiten kreieren zu können. Hier entstehen häufig Lebensskripte oder Verträge, die wir mit dem Leben schließen und die dann meist als sich selbst erfüllende Prophezeiungen Realität werden. Diese Muster entsprechen dem frühen Drang des Menschen, Recht zu behalten und Bekanntes, ganz gleich, ob es positiv oder negativ ist, zu wiederholen. In dieser Phase beginnen kleine Mädchen, die Welt zu entdecken – und so gerne sie die neue Welt erobern möchten, so groß ist auch die Sehnsucht nach dem schützenden Schoß der Mutter. Bei Eva hat sich dieser Wunsch übergangslos auf ihren Mann Richard übertragen, und so fällt es ihr schwer, aus dieser Abhängigkeit herauszukommen. Im Gegensatz zu Alex hat Eva eine sehr starke Verankerung im Weiblichen. Sie sieht dabei den männlichen Part als den stärkeren an. Sie fühlt sich als Frau unterlegen und sucht den starken Beschützer. Da sie sich selbst nicht eingesteht, dass sie im Grunde Angst hat, ihre Karriere in die eigenen Hände zu nehmen, sucht sie sich unbewusst einen Mann aus, der ihr jegliche Eigeninitiative nimmt.

Beziehungsmuster: Eva

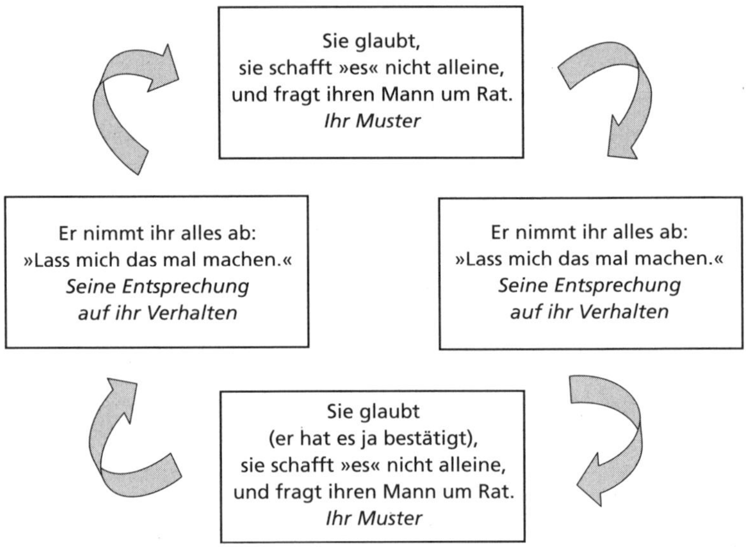

Lebenslüge Hier heißt die Lebenslüge: »Ich könnte ja erfolgreich sein, wenn mir mein Mann das nicht verbieten würde.«

Fazit Frauen dieses Typs können dann glücklich und zufrieden werden, wenn sie sich ehrlich eingestehen, was sie sich im Leben wünschen. Wenn sie Angst haben, sich bestimmten Schwierigkeiten im Leben zu stellen, sollten sie dies nicht ihrem Partner zuschreiben. Natürlich trifft auch dieser Frauentyp genau den Beziehungspartner, der ihr Thema spiegelt und sich dabei wohlfühlt, wenn er sie vor den vermeintlichen Gefahren des Lebens beschützen kann. Aber was wie Schutz und Geborgenheit aussieht, ist in Wahrheit nur das eigene Vermeidungsmuster.

Pat – die kriegerische Amazone mit der Diplomatie eines Krokodils

»… hab dir ja gesagt, dass es sich nicht lohnt, sich für einen Konzern so krumm zu machen.« »Na, hoffentlich weiß er das auch zu schätzen, meine Liebe. Ich glaube, es lohnt sich nicht, sein Leben nach jemand anderem auszurichten.« **Indiz 1**

Pat ist eine Amazone vor dem Herrn. Sie ist äußerlich weniger emotional als sehr stark kognitiv veranlagt. Sie überlegt, was etwas bringt und was nicht. Sie hat, obwohl sie im sozialen Bereich arbeitet, den Glauben an das Gute im Menschen verloren und ist wenig optimistisch. Fühlt sie sich angegriffen, ergreift die Amazone in ihr die Macht und reagiert sehr kämpferisch und undiplomatisch. Hier kommt dann auch ihre unterdrückte Emotionalität zum Vorschein. **Muster**

»Na, ich habe diesem ignoranten Idioten von Chef erst mal meine Meinung gesagt. In dieser verfluchten Männerwelt …« **Indiz 2**

Immer, wenn sie sich aufregt, kommt die Amazone durch, diejenige, die mit ihrer Rolle als Frau in der Welt hadert. Sie hat einen Hass auf die Männerwelt, der sich in jedem Konflikt deutlich zeigt. Während sie bei der Analyse der Probleme ihrer Freundinnen ganz sachlich und hilfsbereit vorgeht, ist sie – geht es um sie selbst – nicht in der Lage, analytisch und vernünftig zu handeln. Gerät sie in Wut, legt sich ein Schatten über ihren Verstand und lässt sie verbal nur noch wild um sich schlagen. Damit erreicht sie dann natürlich genau das Gegenteil von dem, was sie erreichen wollte. Aber da sie sowieso glaubt, dass sie zu unweiblich sei, um in dieser Männerwelt bestehen zu können, bestätigt sich genau diese Vorannahme immer wieder. Während sie den anderen einen Vortrag über sich selbst erfüllende Prophezeiungen halten kann, erkennt sie bei sich selbst nicht, dass sie genau dieser Problematik unterliegt. Würde jemand sagen »Alle Männer sind Idioten«, erwiderte sie: »Das stimmt nicht, manche sind auch Vollidioten.« Mit dieser Einstellung gelingt es schwerlich, in einer männerdominierten Welt Fuß zu fassen. **Muster**

Herkunft der Muster Wahrscheinlich war sie in ihrer Kindheit schon sehr auf sich selbst gestellt und hat vor allem bei ihrem Vater keinen Schutz und Halt gefunden. Vielleicht hat ihr auch die Mutter immer wieder gesagt, Männer seien die schlechteren Menschen. So hat sie gelernt, dass es gefährlich ist, sich zu sehr auf Menschen einzulassen, und kompensiert diese fehlende Nähe mit ihrem Engagement für Tiere, von denen sie weniger Verletzung befürchtet.

Beziehungsmuster: Pat

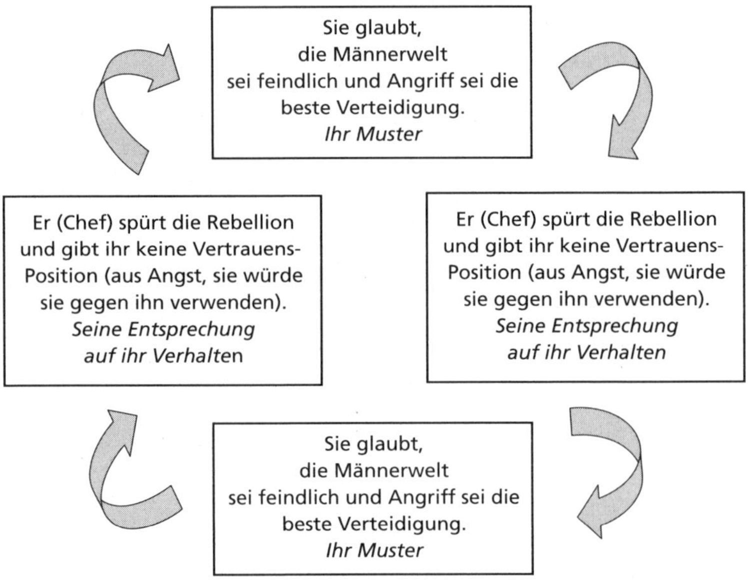

Lebenslüge Hier heißt die Lebenslüge: »Ich brauche niemanden in diesem Leben und kann auch ganz alleine glücklich sein.«

Fazit Manchmal ist Angriff nicht die beste Verteidigung, sondern schafft nur Gegenangriffe und letztendlich Isolation. Je aggressiver Frauen in die Welt gehen, desto eher kann es ihnen passieren, dass sie die liebenswerten Seiten anderer Menschen niemals kennenlernen, weil sich die anderen vor ihnen schützen. Die Pats dieser Welt könnten ihren Mitmenschen häufiger eine Chance geben und erst einmal vorurteilsfrei abwarten, was sich aus einer Beziehung entwickelt, wenn man selbst aufgeschlossen auf andere zugeht.

Süße Rosalie – unbedarft, aber begabt zur Lebensinszenierung

Es fehlt ihr an der Entschlossenheit, beruflich voranzukommen. **Indiz 1**

Sie ist scheinbar von der Natur bevorzugt. So gelingen ihr manche Vorhaben sehr leicht, und wenn es mal nicht klappt, kommt einer zum Trösten. Ein gefährliches Muster, weil es ganz im Gegensatz zum Liebe-Leistungs-Thema einer Alex die selbsterhaltenden Kräfte schwächt. Rosalie muss sich nicht anstrengen und es gibt nichts in ihrem Leben, was ihr so lohnend erscheint, dass sie sich wirklich mit ganzer Kraft darum bemüht. **Muster**

Sie ist die Geliebte eines verheirateten Mannes und stellt ihr Leben nicht auf eigene Beine. **Indiz 2**

Sie hat gelernt, dass immer jemand da ist, der ihr hilft, wenn sie nur hilflos und beschützenswert genug ist, das nutzt sie aus, ohne sich viel dabei zu denken. Sie ist nicht solidarisch mit anderen Frauen und so stört es sie nicht, dass ihr Freund verheiratet ist. **Muster**

»Ich finde, einem verheirateten Mann muss man nicht treu sein.« **Indiz 3**

Sie entscheidet sich nicht wirklich für eine Beziehung, in die sie sich ernsthaft einlassen müsste. Gleichzeitig sagt sie sich: »Solange er mir nicht treu ist, muss ich ihm nicht treu sein.« Nur: Solange sie sich nicht wirklich zu einem Mann, zu einer Partnerschaft bekennt, wird sie auch nur halbherzige Affären bekommen – denn wir erhalten, was wir geben. Nur wer den anderen ganz annimmt, wird seinerseits angenommen werden. Dieses Muster zeigt das folgende Schaubild: **Muster**

Beziehungsmuster: Rosalie

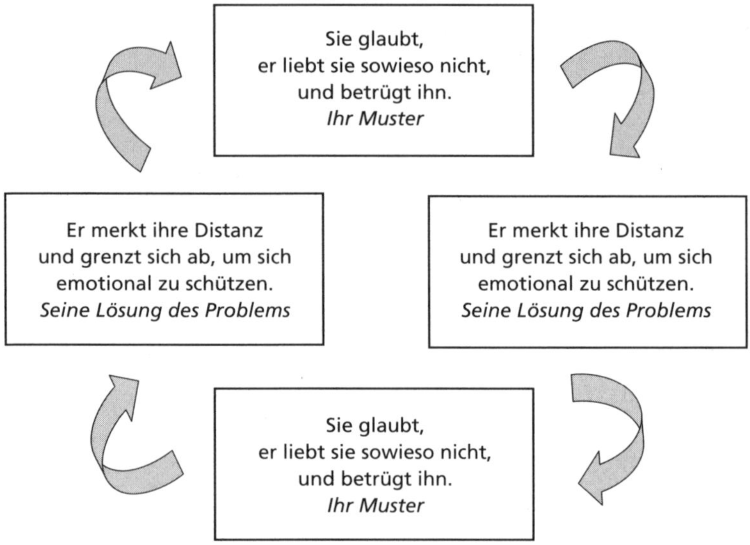

Indiz 4 »Ach Alex, lass uns über etwas anderes reden.«

Muster »Verschieben wir es doch auf morgen.« Rosalie ist nicht gewillt, sich den unangenehmen Dingen des Lebens zu stellen. Sie probiert das eine oder andere aus, aber immer nur halbherzig, wird es schwierig, gibt sie auf.

Indiz 5 »Na ja, manchmal hilft ein tiefer Augenaufschlag schon über das ein oder andere Problem hinweg.«

Muster Sie schafft es immer wieder, dass Männer viel für sie tun. Die Gefahr dabei ist, dass sie das »Flirtspiel« nicht bewusst einsetzt, sondern wirklich glaubt, dass ihr geholfen wird, wenn sie schwach ist. Somit gerät sie in Gefahr, Opfer ihres eigenen Spiels zu werden.

Beziehungsmuster: Rosalie

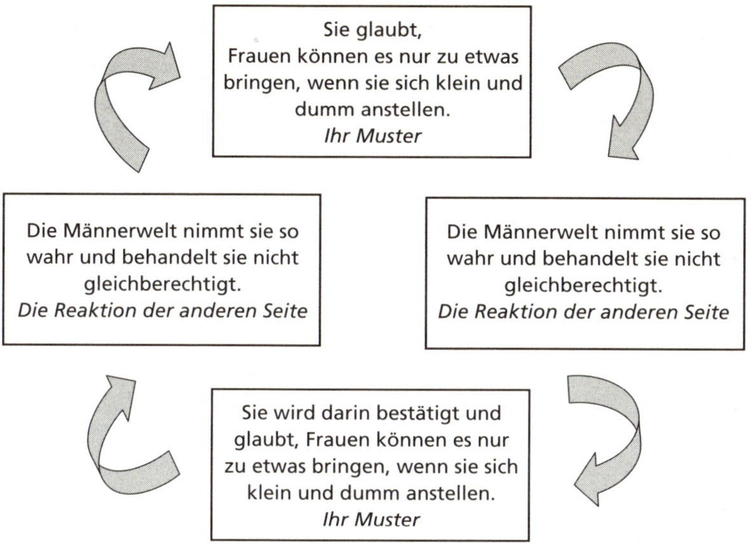

Herkunft der Muster

Vermutlich musste sie sich in ihrer Kindheit nie wirklich anstrengen, weil sie von Papa schon immer bekommen hat, was sie wollte. Zu ihrer Mutter hat sie wahrscheinlich ein eher angespanntes Verhältnis. Was früher der Papa für sie geleistet hat, leisten heute andere Männer, die sie mit ihrer unbedarften Art und dem stillen Ruf »Beschütze mich!« in ihren Bann zieht.

Glaubt man Freud, gibt es für die Bereitschaft der Frau, einer anderen Frau den Mann streitig zu machen, die Erklärung der »Ödipalen Triangulierung«. Diese tritt etwa ab dem dritten Lebensjahr auf. In der Phase der Triangulierung sucht das Kind seinen Platz in seinem sozialen Umfeld. Die Triangulierung meint, dass sich das Mädchen in Konkurrenz zur Mutter begibt und mir ihr um den Vater rivalisiert beziehungsweise der Junge mit dem Vater konkurriert und um die Mutter buhlt. Das Mädchen glaubt, es sei die bessere Frau für den Vater. Der Junge will den Vater aus dem Feld schlagen. Auch hier steht die griechische Mythologie Pate. Ödipus tötet ohne sein Wissen den eigenen Vater und heiratet seine Mutter. Spannend ist, dass dieses Unglück deshalb geschieht, weil König Laios, der Vater von Ödipus, genau dies in einer Prophezeiung hört und verhindern will. Um das Unheil zu vermeiden, setzt der König seinen Sohn aus. Infolge dieser Tat kann dann genau das passieren kann, was die Prophezeiung vorausgesagt hat. Hätte Laios sein Schicksal angenommen, hätte es keinen Vatermord gegeben. Hier setzt der Effekt der griechischen Tragödie ein, der uns in der Psychologie so oft begegnet. Dem Menschen geschieht gerade das, was er um jeden Preis vermeiden will. Freud verbindet seinen bekannten Ödipus-Komplex mit dem Prinzip einer sich umkehrenden Vermeidungsstrategie.

Zurück zu Rosalie. Vermutlich ist sie aus der »normalen« kurzfristigen Triangulierung nicht wieder herausgekommen und befindet sich noch immer mit Frauen in Konkurrenz. Solange ihr das nicht bewusst ist, wird sie sich immer wieder mit verheirateten Männern einlassen, nicht des Mannes wegen, sondern deshalb, weil sie ihr Muster, die bessere Frau zu sein, beständig auf diese Weise wiederholt. Erst wenn sie erkennt, dass die Ehefrau des Liebhabers nicht die eigene Mutter ist, kann sie loslassen und der Mann verliert seinen Reiz.

Lebenslüge Hier heißt die Lebenslüge: »Ich bin ein Glückskind und alles wird gut. Was ich vom Leben nicht bekomme, wäre auch nicht gut für mich gewesen.«

Fazit Irgendwie fällt Rosalie immer wieder auf die Füße. Mit ihrer leichten Art, durchs Leben zu gehen, ist sie bei vielen beliebt und es wird ihr geholfen. Die Männerwelt reagiert sehr positiv auf diesen Typ Frau und will ihn beschützen. Allerdings beißt sie sich nicht durch und macht so nie die Erfahrung, etwas ganz alleine nur aus sich heraus geschafft zu haben. Sobald ihr einmal niemand mehr hilft, verliert sie. Unter den Frauen erzeugt sie eher Konkurrenz, denn hier funktionieren ihre Strategien nicht. Erst wenn sie das Leben selbst in die Hand nimmt, kann Rosalie ihr Spiel gewinnen. Erst wenn sie den Weg nach innen findet, ist sie vor ihrem eigenen Alterungsprozess geschützt, weil sie dann nicht durch ihre äußere, sondern ihre innere Schönheit wirken wird.

Die Frau, die Sie sein wollen: Entscheidung zum selbstbestimmten Erfolg

4. Reflexion und Durchbrechung von Mustern

Vier Frauen auf der Suche nach dem Glück – 2. Teil

Nehmen wir einmal an, im Leben eines jeden Menschen gäbe es Schlüsselerlebnisse, die ihm eine neue Sicht, sozusagen einen Perspektivenwechsel bieten, und die Menschen würden dies erkennen und ihr Leben in den Punkten korrigieren, in denen sie nicht glücklich sind. Diese Idee soll in die Geschichten der vier Frauen einfließen. Jede von ihnen wird ein Schlüsselerlebnis haben, das sie sozusagen läutert und ihren Kurs eigenständig ändern lässt. Sie werden in einer kritischen Situation erkennen, dass sie, um aus ihren Dramen herauszukommen und ihrem Leben eine neue Qualität zu geben, etwas an sich ändern müssen. Seien es ihre Konzepte, Einstellungen, Überzeugungen oder einige Verhaltensmuster. Indem sie den Wink des Schicksals wahrnehmen, die Signale des Lebens annehmen und darauf reagieren, wird sich ihr Leben langsam, aber sicher in eine für sie bessere Richtung entwickeln. Dieser Prozess des Umdenkens geschieht nicht von heute auf morgen, sondern braucht Zeit, viel Geduld und das Akzeptieren von Rückschlägen und emotionalen Instabilitäten.

Sehen wir uns an, welche Geschichten die vier Freundinnen zu erzählen haben, wenn sie sich nach 15 Jahren wiedertreffen. Alex und Rosalie waren längere Zeit an fernen Orten, Pat und Eva haben sich einige Male gesehen.

Ort

Wieder der nette Italiener, die Flasche Rotwein steht schon auf dem Tisch. Der sehr attraktiv ergraute Besitzer Francesco begrüßt seine Lieblingsgäste immer noch wie in alten Zeiten mit Umarmung und Küsschen.

Pat ist wieder die Erste, die da ist. Ihre grauen Haare hat sie rot gefärbt, ihre klassische Frisur lässt sie alterslos erscheinen. Ihr Kostüm ist sehr sportlich und passt gut zu ihrem Typ. Sie unterhält sich mit Georgio, der immer noch Kellner ist und an ihrem Tisch steht.

Alex kommt ins Restaurant. Ihr Gang ist zielstrebig und beschwingt, den bewundernden Blick von Francesco auf ihre elegante Erscheinung im knappen grauen Businesskostüm nimmt sie dankbar lächelnd entgegen. Ihre Züge sind sehr weich geworden und ihre Augen haben einen milden Schimmer, in dem immer noch ein klein wenig Melancholie mitschwingt, aber auch der Schalk, der ihr im Nacken sitzt, ist deutlich sichtbar. Obwohl sie direkt von einer Sitzung mit ihrem Kunden kommt, wirkt sie heiter und ist bester Laune. Als sie sich zu Pat an den Tisch setzt, zeigt ihr Blick deutlich die Bewunderung für die gepflegte Erscheinung ihrer Freundin.

Georgio bringt Brot und die Oliven.

Alex und Pat *gleichzeitig* Meine Güte, siehst du gut aus!

Sie lachen.

Alex Siehst du, dank unserer super Kosmetikprodukte hat uns das Leben doch gar nichts anhaben können.
Pat *lachend* Na, lebst und stirbst du immer noch für deine Firma?
Alex Oh nein, ich lebe für mich, aber ich liebe meinen Beruf immer noch, bin jetzt selbstständig und arbeite heute ganz anders als früher.

Die geht Tür auf und Eva kommt herein. Sie geht zielstrebig auf den Tisch der beiden Freundinnen zu, jedoch nicht, ohne sich vorher von Francesco gebührend begrüßen zu lassen.

Eva Hi, ihr beiden! Schön, euch zu sehen. Wo ist denn Rosalie?

In diesem Moment öffnet sich die Tür.

Eva *lächelnd* Ah, da ist sie schon.

Die Augen der Männer drehen sich zur Tür und es geht ein bewunderndes Raunen durch den Raum. Rosalie weiß immer noch, wie man einen Raum betritt und die ganze Aufmerksamkeit auf sich zieht. Heute allerdings schafft sie das durch die Ausstrahlung einer strahlenden reifen Frau, die im Leben erreicht hat, was sie sich tief im Herzen gewünscht hat. Ihr blondes glattes Haar umhüllt ihr sorgfältig geschminktes zartes Gesicht. Sie trägt einen schwarzen Hosenanzug und schreitet anmutig an den Tisch, nachdem sie sich von Francesco herzlich hat begrüßen lassen.

Rosalie Hallo Mädels, bin ich schon wieder die Letzte? Ist doch schön, dass sich manche Dinge nie ändern.

Eva Ich finde es noch viel schöner, dass viele Dinge sich doch ändern.

Rosalie Dann erzählt doch mal, wie es euch allen so ergangen ist!

Eva Ich fange an. Ich muss euch unbedingt erzählen, was sich alles in meinem Leben geändert hat und wie ich meinen eigenen Weg gefunden habe. Angefangen hat das Ganze aber sehr traurig.

Irgendwann habe ich festgestellt, dass Richard immer später von der Arbeit nach Hause kam und immer mehr Ausflüchte suchte, wenn ich ihm nah sein wollte. Wir stritten uns auch immer öfter und er verschloss sich mir gegenüber mehr und mehr. Ich wurde immer unglücklicher und unzufriedener. Als ich dann eines Tages Lippenstiftspuren an seinem Hemd entdeckt habe, wollte ich es erst gar nicht wahrhaben, dass es da vielleicht eine andere Frau in seinem Leben geben könnte. Ich habe mich noch eine Zeit lang blind und taub gestellt, bis mir Pat die Leviten gelesen hat und mich in meiner Verzweiflung zu einer Eheberaterin und Psychotherapeutin geschickt hat. Ich bin hingegangen, weil ich meine Ehe unbedingt retten wollte.

Durch diese Gespräche habe ich mehr und mehr Selbstvertrauen gewonnen und schließlich eine Weiterbildung im Bereich Architektur und Kunst angefangen. Zu diesem Kurs gehörte es, dass man in Zweierteams ein umfangreiches Projekt erstellen sollte, das dann auf einer Ausstellung präsentiert wurde. Mein Arbeitspartner dabei war Kai. Na ja, und Kai war komplett anders als Richard. Immer, wenn ich an einem Punkt war, wo ich nicht mehr weiterkam und ihn bat, mir zu helfen oder mir das abzunehmen, hat er mir gesagt, dass ich das schon alleine schaffe. Ich war oft so verzweifelt und derart sauer auf ihn, dass ich schon die ganze Ausbildung hinschmeißen wollte, aber irgendwie wollte ich ja auch den Abschluss. Also habe ich mich da eben durchgebissen, und ich konnte es tatsächlich. Bei der Präsentation haben wir sogar den ersten Platz gemacht und mir wurde daraufhin eine interessante Stelle angeboten. Da begann dann der Riesenstreit mit Richard. Ich habe ihm gesagt, dass ich wieder arbeiten würde. Nicole war zu dem Zeitpunkt ja schon neun und konnte nach der Schule zu meiner Mutter gehen. Sie fand es auch völlig in Ordnung, von Oma verwöhnt zu werden. Richard wurde allerdings richtig gemein. Er warf mir vor, ich würde ihn und Nicole vernachlässigen. Ich konterte, dass er mich betrügen würde. Er erwiderte darauf, dass es meine Schuld sei, wenn er sich bei seiner Sekretärin ein wenig Trost verschaffe, so wie ich ihn vernachlässigen würde. So ein Schwachsinn! Er hatte mich ja schon zu einer Zeit betrogen, als ich noch ganz brav jeden Tag zu Hause saß – lange bevor ich überhaupt an diese Ausbildung gedacht hatte. Es ist schon erstaunlich, wie es manche Männer immer wieder schaffen, die Wahrheit zu verbiegen.
Trotzdem haben wir dann sehr lange über alles geredet. Haben es sogar noch ein Jahr lang miteinander versucht, aber irgendwie hat ihm die neue Eva nicht gefallen. Er wollte, dass ich mich entscheide, zwischen unserer Ehe oder meiner beruflichen Karriere. Ich wollte beides – er verlangte eine Entweder-oder-Entscheidung. Da war mir klar, dass ich gehen musste. Wäre ich zu seinen Bedingungen geblieben, hätte ich mich selbst aufgeben müssen, und das hätte ich ihm nie verziehen – und mir auch nicht. Das mit dem Sorgerecht haben

wir ganz gut hinbekommen, und er hat später wieder geheiratet. Wieder so ein Heimchen am Herd, wie ich eines war, bevor mir klar geworden ist, dass ich mehr kann, wenn ich mich auf mich selbst besinne. Ich habe dann über lange Jahre allein gelebt, mit Kai gearbeitet und mich beruflich wieder auf den neuesten Stand gebracht. Jetzt habe ich seit ein paar Jahren wieder eine gute, gleichberechtigte Partnerschaft. Heiraten muss ich nicht mehr. Wir leben zusammen und trotzdem kann jeder seinem Beruf nachgehen; und ich weiß erst jetzt, wie es ist, jemanden um seiner selbst willen zu lieben.

Alex Na herzlichen Glückwunsch, das ist ja wirklich toll, dass du das alles so hinbekommen hast. Manchmal sah das schon so aus, als wärst du diesem Richard total hörig.

Eva Ja, das war ich auch. Er hat mir eben all das abgenommen, was ich mir selbst nicht zugetraut habe. Wir haben das zu spät erkannt, und nachdem er mich dann betrogen hatte, ist auch etwas in mir zerbrochen, und im Grunde wollte ich dieses Leben so nicht mehr führen. Er hat selbstständige Frauen immer bewundert, aber zu Hause wollte er ein Heimchen. Ich bin sicher, dass er seine jetzige auch wieder betrügt. Aber das ist Gott sei Dank nicht mehr mein Problem. Wenn sich nur einer in einer Partnerschaft bewegt und an sich arbeitet, ist das eben nicht genug. An irgendeinem Punkt hat er mir im Streit an den Kopf geworfen, dass er sich nicht verbiegen lasse und so bleiben wolle, wie er ist. Und da habe ich mir gedacht: »Das kannst du haben.« Und bin gegangen. War ein langer Weg, aber er hat sich gelohnt, wenn ich mir mein heutiges Leben ansehe.

Alex Wie ist es dir denn so ergangen, Pat?

Pat Ja, irgendwann muss man wohl einsehen, dass, wenn man immer das Gleiche macht, man auch immer das Gleiche vom Leben wiederbekommt. Ich bin ja in meinem Job jahrelang mit dem Kopf gegen die Wand gelaufen, habe mich mit meinem Chef bis aufs Messer bekämpft und es nervte immer mehr. Ich wollte schon kündigen, aber dann kam da ein Projekt rein und er bat mich, ihn auf eine Reise nach Afrika zu begleiten. Wir sollten bei der Sitzung einer Menschenrechtskommission dabei sein. Wir trafen uns also am Flughafen, um gemeinsam nach Nairobi zu fliegen. Während des Fluges fing er schon wieder damit an, mir zu erzählen, wie ich mich zu benehmen hätte. Er machte mir Vorschriften, was ich sagen durfte und was nicht. Irgendwann war ich so sauer, dass ich ihn fragte, warum er mich überhaupt mitgenommen hätte, wenn er doch am liebsten die ganzen Verhandlungen selbst führen wolle und mir eh nur zutraue, dass ich alle beleidige. Na ja, sagte er, so hätte er es ja auch nicht gemeint, aber ich sei manchmal so aggressiv – und so ging das dann den ganzen Flug über. In Nairobi holten wir die Koffer vom Band und stiegen ins Taxi zum Hotel. Dort angekommen, wollte ich nur noch ein Bad nehmen und ins Bett, damit ich nach dem langen Flug am nächsten Morgen, an dem die Tagung beginnen sollte, wieder fit war. Nicht so mein Chef. Er lief auf einmal zur Höchstform auf und wollte unbedingt noch in der Stadt etwas essen gehen, und ich sollte mitkommen. Reichlich widerwillig bin ich mitgekommen, wahrscheinlich, weil ich auch ziemlichen Hunger hatte.

Auf dem Weg zu einem Restaurant, das uns der Hotelportier empfohlen hatte, ist es dann passiert: Es waren zwei junge Männer auf Mopeds, die uns wohl schon vom Hotel aus gesehen und verfolgt haben müssen. Sie kamen auf uns zugefahren, und der, der hinten auf dem Moped saß, griff nach meiner Handtasche, um sie mir zu entreißen. Aber ihr kennt mich, Mädels, was ich in den Händen habe, lasse ich nicht los. Und so habe ich meine Handtasche verteidigt und daran festgehalten, bis der Mopedfahrer aufgegeben hat, losließ und davonsauste. Dabei habe ich das Gleichgewicht verloren, bin nach vorne gefallen und habe mir ziemlich böse die rechte Hand gebrochen. Das Ganze ging so schnell, dass mein Chef erst richtig mitbekam, was passiert war, als ich mit einem Schmerzensschrei vor ihm auf der Erde lag. Er hat mich dann sehr behutsam untersucht und, da er einige medizinische Kenntnisse hat, mit ziemlicher Gewissheit festgestellt, dass das Handgelenk gebrochen ist. Auf einmal war er wie verwandelt. Er war sehr besorgt, hat mich sofort in ein Taxi verfrachtet und in ein Krankenhaus gefahren. Dort habe ich dann einen Gips bekommen. Fragt nicht, wie es in einem afrikanischen

Krankenhaus zugeht! Ich hatte ziemliche Schmerzen. Als ich dann später neben ihm im Taxi saß, war ich immer noch so geschockt von der ganzen Angelegenheit, dass ich nicht einmal fluchen konnte. Das muss ihm wohl Angst gemacht haben, und er legte mir die Hand auf die Schulter und sagte ganz sanft: »Das wird alles wieder gut. Es ist ein einfacher Bruch, der heilt in sechs Wochen, und danach sind Sie wieder topfit. Sie sind aber auch eine tapfere Frau, hatten Sie Ihre ganzen Wertsachen in der Handtasche, dass Sie sie so verteidigt haben?« »Nein«, erwiderte ich, und es wurde mir jetzt erst klar, dass ich meine ganzen Dokumente in den Hotelsafe gelegt hatte, »ist nur Ihr Vortrag für morgen drin.« Da lächelte er und es schien, als sei er wirklich gerührt, er drückte noch einmal meine Schulter.

Ich hatte einen Horror vor den nächsten Tagen. Wie sollte ich das jetzt alles auf die Reihe bekommen, mit einer gebrochenen rechten Hand? Aber irgendwie ging das dann, weil mir Herbert, so heißt er mit Vornamen, bei allem geholfen hat. Er hat mir mein Essen geschnitten, mir jede Tür aufgehalten und einfach richtig gut auf mich aufgepasst. Ich war ziemlich hilflos und abhängig von ihm. Er hätte das auch ausnutzen können. Aber er war ganz wunderbar, hat mich nicht einmal spüren lassen, dass ich ihm quasi ausgeliefert war. Wir haben den Kongress erfolgreich gemeistert und sind danach noch zwei Tage ans Meer gefahren. Seitdem ist das Arbeitsklima viel besser. Irgendwie konnte ich aufhören, mich zu wehren, und habe gemerkt, dass, als es mir schlecht ging, ein Mann für mich da war. Danach bin ich irgendwie weniger aggressiv ins Leben gegangen und habe vor allem die Männer an sich in einem anderen Licht gesehen. Heute arbeiten wir richtig gut zusammen und ich habe jetzt auch eine Leitungsfunktion und fünf Mitarbeiter.

Rosalie Und hast du dich in ihn verliebt, seit ihr privat auch zusammen gekommen?

Pat Meine Güte, nein, man muss es ja auch nicht gleich übertreiben. So Alex, jetzt bist du dran. Was macht das Liebesleben der taffen Karrierefrau?

Alex Irgendwann nach der Geschichte mit Paul habe ich wieder jemanden kennengelernt, Michael. Es fing ganz schön an. Es fängt ja immer so schön an. Es ist auch eigenartig, dass wir immer sofort erkennen, wann eine Liebe anfängt, und uns so schwertun zu akzeptieren, wann sie endet. Auf jeden Fall hatten wir viel Spaß miteinander, er brachte mich zum Lachen. Ich dachte, dieses Mal wird alles anders. Da er auch nicht in derselben Stadt wie ich lebte, haben wir gerade am Anfang viel telefoniert und sind uns so in intensiven Gesprächen sehr nahe gekommen. Er sagte zwar das eine oder andere Mal, dass er recht beziehungsunfähig sei und viel Distanz brauche, aber weil es immer, wenn wir uns sahen, so schön und so erotisch war, habe ich darauf gar nicht so sehr geachtet. Mit ihm konnte ich über alles reden, er bemühte sich, jeden Standpunkt zu verstehen, und stellte viele Fragen. Wann immer wir uns treffen konnten, lief alles recht locker und leicht. Und ich verliebte mich mehr in ihn, als ich mich jemals verliebt hatte. Er war etwas kühler, aber er war da und es war so wunderschön – und so genau wollte ich auch gar nicht hinschauen. Er wollte es locker und keine feste Beziehung eingehen, aber da er mir versicherte, dass er der beste Beschützer der Welt sei und immer für mich da sei, wenn ich ihn wirklich brauchen würde, habe ich mich schnell mit wenig zufriedengegeben. Er war in der Unterhaltungsbranche und sehr viel unterwegs. Wir haben uns überall getroffen und ich habe ihm mehr und mehr vertraut, mich mehr und mehr geöffnet und ihn wirklich von ganzem Herzen geliebt. Ich war zu dieser Zeit auch viel unterwegs, und so hatte jeder seine Freiheit und wenn wir zusammen waren, hatten wir die schönsten Momente, die man sich vorstellen kann. Sicher, wenn ich dann alleine war, hatte ich Sehnsucht nach ihm. Dass er niemals sagte, dass ich ihm fehle, machte mich traurig, aber das Schöne überwog und seine Art, Liebe zu zeigen, reichte mir zumindest oberflächlich und machte mich zeitweise sehr glücklich – und es ging mir besser als in all den Jahren zuvor.

Bis ich eines Tages krank wurde. Bei einer Voruntersuchung hatte man bösartige Veränderungen in meinem Gewebe festgestellt und ich musste sehr schnell operiert werden, damit sich da nichts weiter ausbreiten konnte. Ich ging das Ganze an,

wie ich alles anging: Operationstermin vereinbart, berufliche Termine abgesagt. Ich wusste, dass etwas, das in meinem Körper ein unkontrollierbares und gefährliches Eigenleben führte, sofort entfernt werden musste.
Das Einzige, was ich überlegte, war, ob ich Michael dies alles mitteilen sollte. Mir war klar, dass ich dann erwarten würde, dass er sich um mich kümmert, und ich war mir nicht sicher, ob er das überhaupt leisten könnte. Aber vertrauensvoll auf seine Worte hoffend, der größte Beschützer der Welt zu sein, folgte ich dem Impuls, ihm davon zu erzählen. Diese unendliche Sehnsucht, nicht jeden schweren Weg alleine gehen zu müssen, war einfach zu groß und ich wollte nicht mehr alles alleine schaffen und den Oscar für die couragierteste Frau der Welt bekommen. Ich wollte eine emotionale Heimat finden, jemanden, mit dem ich meine Ängste teilen konnte. Jemanden, der für mich da war in den Tagen nach der Operation, in denen ich mich schonen musste und liegen sollte. Und so rief ich ihn an und erzählte ihm meine Sorgen und dass ich am nächsten Morgen ins Krankenhaus musste und operiert würde. Er versprach, in Gedanken bei mir zu sein und mich vor der OP noch anzurufen. Er wirkte besorgt, aber irgendwie war das Telefonat recht kurz.
Am nächsten Morgen fuhr ich mit ängstlichen Gefühlen in die Klinik, immer mit einem Auge auf dem Handy, wann der ersehnte Anruf kommen würde. Er kam nicht. Was kam, war die Schwester mit der Beruhigungspille, die sie einem vor solchen Operationen geben, und ich wurde in den Operationssaal geschoben. Dort war es bitterkalt und mir liefen Tränen der Enttäuschung und der Verlassenheit übers Gesicht. Die Narkoseärztin glaubte vermutlich, ich hätte Angst vor der Operation. Sie tätschelte mir die Hand und meinte, es würde schon alles gut werden. Aber in meinem Kopf war nur diese eine Frage: »Warum schon wieder? Warum ist er nicht da, denkt nicht an mich, warum lässt er mich alleine?« Mit diesem Gefühl bekam ich dann die Narkosespritze und wünschte mir, einfach nicht mehr aufwachen zu müssen.
Aber ich wachte natürlich auf. Und es war wieder bitterkalt und dazu hatte ich auch noch scheußliche Schmerzen im Un-

terleib. Gegen diese Schmerzen konnten sie mir etwas geben, gegen die Schmerzen in meinem Herzen nicht.
Als ich wieder zu Hause war und ihn anrief und fragte, warum er mich so im Stich gelassen hatte, antwortete er, dass es ihm leid täte, er habe eben wichtigere Verpflichtungen gehabt.
Die Nacht darauf war schlimm – richtig schlimm, aber in dieser Nacht habe ich auch erkannt, dass ich bei der Auswahl meiner Liebespartner dringend etwas ändern musste. Am nächsten Tag, als ich wieder einigermaßen bei Kräften war, habe ich mich von ihm getrennt und damit von allen Männern, die mich nicht wirklich wollten. Wann immer mir danach ein Mann bei einem der ersten Dates sagte, dass er beziehungsscheu sei oder dass die größte Nähe durch Distanz geschaffen werde, bin ich noch vor dem Hauptgang aufgestanden und gegangen. Ich habe gelernt, was ich mir selbst wert bin, und habe mich nie wieder auf einen Mann eingelassen, der nicht in der Lage war zu lieben. Das war das Ende meiner Beziehungskatastrophen.
Danach war ich erst einmal eine Zeit lang allein. Ich habe weiter mit viel Enthusiasmus gearbeitet, bin einige Jahre ins Ausland gegangen und habe mich vor allem um mich selbst gekümmert. Ich besuchte einige gute Seminare zur Selbstfindung und habe mit einem Coach an meinen inneren Themen gearbeitet. Dabei wurde mir klar, was ich will und was nicht und welchen Preis ich zu bezahlen bereit bin. Privat habe ich mich in erster Linie mit Menschen umgeben, die mir guttaten. Ich fing an, mich selbst zu schätzen und auf meinen Bauch zu hören, und habe dabei festgestellt, dass man sich nicht nur in den Armen eines Mannes weiblich fühlen kann, sondern das auch ganz alleine in sich aufbauen kann. So bin ich langsam, Schritt für Schritt, aus meinen eigenen Dramen herausgekommen. Als ich dann wieder nach Deutschland zurückgekommen bin, habe ich Bernd wiedergetroffen, und – ihr werdet es nicht glauben – wir haben uns total ineinander verliebt und sind seit drei Jahren richtig glücklich verheiratet. Die Beziehung mit ihm ist ruhig und beständig, wir sind füreinander da, sehen ohne viele Worte, was der andere braucht und wie es ihm geht.

Wir haben uns ein kleines Häuschen außerhalb der Stadt gekauft und sind jetzt beide selbstständig. Ich arbeite immer noch sehr gerne und habe einige gute Kunden, für die ich den gesamten Werbeauftritt mache, nehme aber nur noch Aufträge an, die mir wirklich am Herzen liegen. Wir haben viel Zeit für uns und jeder für sich selbst.
Es waren spannende Jahre, manches hat wehgetan, vieles hat auch länger gedauert, als ich es mir gewünscht habe – aber heute kann ich endlich sagen, dass ich dieses Leben liebe und jeden Tag dankbar bin, den ich neben meinem Mann aufwache und in der gleichen Küche frühstücke. Und komischerweise macht mir weder der Alltag noch die Tatsache Angst, dass es keinen anderen Mann mehr in meinem Leben geben wird. Heute bin ich wirklich glücklich, viel glücklicher, als ich es war, als ich jung war.
So, jetzt du, Rosalie, wie hast du es geschafft, eine ernsthafte Schauspielerin zu werden?

Rosalie Mein Leben lief noch eine ganze Weile so weiter. Ich jobbte und nahm hin und wieder kleine Rollen an. Eines Tages lud mich Konstantin auf eine Reise auf die Malediven ein. Damit seine Frau nichts merkte, flog ich voraus und er wollte zwei Tage später nachkommen. Er hatte einen traumhaften Bungalow am Strand gemietet. Die Insel war ziemlich klein und die zwölf Bungalows standen in relativ großem Abstand zueinander. Die Palmen ragten ins türkisblaue Meer und der Sandstrand war von einem leuchtenden Weiß. Es waren sehr wenige Gäste auf der Insel und zu meinem Bedauern nur Franzosen, mit denen ich mich nicht unterhalten konnte.
Die Katastrophe für mich kam am zweiten Tag in Form eines Faxes, in dem Konstantin mir mitteilte, dass er die Reise nicht antreten könne, da seine Frau gestürzt sei und sich einen komplizierten Oberschenkelbruch zugezogen habe. Er wünschte mir eine wunderschöne Zeit, ich solle mich gut erholen. Zunächst bekam ich Panik. Ich war in meinem ganzen Leben noch nie alleine im Urlaub gewesen – und nur Menschen um mich herum, mit denen ich nicht sprechen konnte. Ich setzte mich also erst einmal an die Poolbar und blickte auf das türkisgrün schimmernde Meer. Ich nahm gerade einen Martini zu

mir, als das Schnellboot vom Flughafen Male mit den neuen Gästen ankam. Es war ein Ehepaar. Der Mann schob einen Rollstuhl, in dem ein junger Mann saß, der sehr klein und schmächtig aussah. Als sie näherkamen, hörte ich den Mann Deutsch mit seiner Frau und dem Jungen reden. Den Jungen verstand ich allerdings nicht, da er nicht in der Lage war, deutlich zu artikulieren. Die drei kamen näher und ich war irgendwie unangenehm berührt. Der Junge war mir unheimlich, er sprach sehr laut aber überhaupt nicht verständlich. Die Eltern gingen aber ganz selbstverständlich mit ihm um. Sie halfen ihm aus dem Rollstuhl und von beiden Seiten gestützt konnte er zum Barhocker laufen und setzte sich direkt neben mich. Sein Vater sagte zu ihm, er solle da sitzen bleiben, er würde nur einchecken und den Schlüssel holen, die Mutter verschwand eilig, vermutlich ging sie zur Toilette. Der Junge saß nun da, schaute mich an und streckte mir die Hand entgegen, dabei sagte er so was wie »Max, hallo«. Ich war völlig perplex und gab ihm die Hand, und er schüttelte sie so, dass ich Angst hatte, er reißt sie mir ab, und sagte »schön« oder so ähnlich, dabei strahlte er mich freundlich an. Dann kam die Mutter zurück, begrüßte mich ebenfalls und bedankte sich, dass ich auf Max aufgepasst hätte, und wir haben ein wenig geplaudert. Max hat dabei immer wieder »schön« gesagt und ich fand, er hat mich ziemlich angestarrt.
Später erklärte mir der Vater, dass Max 21 Jahre alt sei, bei der Geburt zu wenig Sauerstoff bekommen hätte und somit den Körper eines Zwölfjährigen und den Geist eines knapp Sechsjährigen habe. Ich fand das schrecklich, aber irgendwie hatte Max so etwas besonders Nettes und auf seine Art Unkompliziertes. Die natürliche und fürsorgliche Art, wie die Eltern mit ihm umgingen, fand ich sehr rührend. Ich erzählte ihnen, dass ich gezwungenermaßen alleine hier sei. Die genauen Details ließ ich lieber weg. Und wir aßen gemeinsam zu Abend. Den nächsten Tag habe ich alleine am Strand verbracht, mich gesonnt, gelesen und mich fürchterlich gelangweilt und einsam gefühlt.
Am nächsten Morgen wollte ich einmal um die Insel herumlaufen. Als ich bei dem Bungalow des Ehepaares vorbeikam,

saß Max alleine im Schatten und spielte mit Schaufel und Förmchen. Er rief mir »Hallo« zu und fuchtelte ganz begeistert mit den Armen. Eines war mir klar, ihm war es auch langweilig. Irgendetwas in mir brachte mich dazu, mich zu ihm setzen. Und dann erinnerte ich mich plötzlich daran, wie ich früher Spaß daran gehabt hatte, Sandburgen zu bauen, und ich fragte ihn, ob er unten am Wasser eine Burg bauen wolle. Seiner Gestik und Mimik war anzumerken, dass er das sehr gerne wollte, aber er konnte nicht alleine aufstehen. Ich half ihm. Ihn mit dem einen Arm untergehakt und Schaufel und Eimer in der anderen Hand, schafften wir die wenigen Schritte zum Meer. Seine Eltern saßen im Liegestuhl und beobachteten das Ganze. Da saß ich also mit meinem Designerbadeanzug am Strand und baute mit einem geistig und körperlich Behinderten eine Sandburg. Und das Irrste dabei war, ich hatte richtig Spaß daran. Es war so schön, zu beobachten, welche Freude Max an den kleinsten Dingen hatte. Eine kleine Welle, die nach langem Graben unseren Burggraben flutete, löste in ihm höchstes Entzücken aus. Er war so aufgeregt, dass er mir voller Freude auf die Brust klatschte. Dann fand er riesigen Spaß daran, mir die Beine einzubuddeln und immer zu rufen: »Du kommst hier nicht mehr raus!« Ich fand das alles sehr ungewöhnlich, aber es rief auch ein warmes Gefühl in mir wach und ich wollte auch gar nicht mehr weg. Und so verbrachte ich meinen gesamten Urlaub mit Max und seinen Eltern. Ich habe mich viel mit dem Vater von Max unterhalten, der Professor für Psychologie und Kommunikationswissenschaften ist und eine genauso penetrante wie interessante Art hatte, Fragen zu stellen. So fragte er mich immer wieder, was ich mir denn von meinem Leben erwarten würde. Und mir wurde immer mehr klar, dass ich wirklich Schauspielerin werden wollte. Ich liebte die Inszenierung und die Möglichkeit, mich in verschiedenen Rollen kennenzulernen. Wir sprachen auch über meine Beziehung zu Konstantin, und durch seine Art zu hinterfragen wurde mir bewusst, dass Konstantin es gar nicht war, der mir wirklich fehlte. Was mich schmerzte, war vielmehr die Niederlage, die ich empfand. Für mich hatte seine Frau gewonnen – und das tat weh. Es ging mir mehr darum, eine Rivalin

auszustechen, als dass ich ihn haben wollte. Das war keine schöne Erkenntnis – aber eine wichtige.
Vor allem aber spielte und schwamm ich mit Max. Im Wasser war er viel sicherer als auf dem Boden. Es braucht eben jeder sein Element, in dem er sich wohlfühlt. Ich verstand auch immer besser, was er meinte, auch wenn er sich nicht gut artikulierte, und ich entwickelte sehr viel Geduld.
Als wir am letzten Tag gemeinsam mit dem Boot zum Flughafen fuhren, streichelte Max mein Haar – und da wusste ich, wie sich Liebe anfühlt. Ich meine Liebe, die nichts zu tun hat mit Erotik, die nichts beweisen will und einfach nur da ist, in einem winzigen kleinen Augenblick.
Als ich wieder zu Hause war, trennte ich mich von Konstantin und startete eine Bewerbungsaktion an sämtlichen wichtigen Schauspielschulen. Ich wurde dann an einer renommierten Schule angenommen und bin umgezogen, um drei Jahre lang Spielen zu lernen. Auf einmal war der Knoten geplatzt. Es funktionierte, weil ich durch Max gelernt hatte, zu fühlen. Und fühlen können ist das Wichtigste, um eine gute Schauspielerin zu werden. Die Julia habe ich allerdings nie mehr gegeben. Und mit verheirateten Männern habe ich mich auch nie wieder eingelassen.

Analyse der Musterdurchbrechung

Die neue Eva – liebende Psyche mit der Kraft der Pallas Athene, selbstbestimmt zu handeln

Musterdurchbrechung 1: Eva erkennt die eigene Unwilligkeit, ihr Leben in die Hand zu nehmen, und baut ein neues Selbstbewusstsein auf

Durch die Tatsache, dass ihr Mann sie betrügt, erkennt Eva, dass sie sich auf denjenigen, den sie als Fels in der Brandung und Sicherheit ihres Lebens angesehen hat, nicht verlassen kann. Sie geht zu einer Therapeutin und baut mit deren Hilfe ihr Selbstbewusstsein wieder auf. Bei Kai erfährt sie etwas völlig Neues: Er rettet sie nicht! Er unterstützt nicht ihr Muster, dass der hilflosen

Frau geholfen werden muss. Sie trifft – notgedrungen – eine Entscheidung. Sie beißt sich das erste Mal in ihrem Leben durch. Vermutlich unter Tränen und Schmerzen, aber sie beweist sich selbst, dass sie es kann. Diese Erfahrung gibt ihr ein ganz neues Selbstbewusstsein. Sie verlässt die Kindrolle und wird erwachsen dadurch, dass sie Erfahrungen machen, dabei auch scheitern, aber vor allem wachsen darf.

Musterdurchbrechung 2: Eva erkennt, dass eine Beziehung bei Veränderung nur funktioniert, wenn sich beide gemeinsam entwickeln

Richard verkörpert das genaue Pendant zu Evas Schema. Er kann sein Muster nur leben, wenn sie kleiner und schwächer ist als er. Ihm gibt es Sicherheit, eine Frau zu haben, die zwar klug, aber nicht eigenständig ist. Viele Männer bevorzugen solche Frauen. Sicher von der Warte des Mannes nicht unbedingt die dümmste Entscheidung. Er hat dann zwar in der Frau keinen adäquaten Ansprechpartner, aber eben eine Muse, die auf der Welt ist, ihn zu unterstützen. Der Weg sollte aber dahin gehen, dass sich beide gegenseitig helfen und fördern. Hätte Richard sich selbst auch entwickelt und gelernt, dass die Eigenständigkeit seiner Frau für ihn eine Bereicherung und keine Bedrohung darstellt, hätten die beiden eine wundervolle Ehe führen können. Veränderungen in einer Beziehung funktionieren aber nur, wenn beide die Entschlossenheit und den Mut haben, sich zu bewegen. Beide müssen hinabsteigen in ihre Unterwelt der versteckten Ängste und Muster und beide müssen bereit sein, zu arbeiten und um ihre Beziehung zu kämpfen. Entwicklungsarbeit ist zu schwer, als dass nur ein Partner sie tragen könnte.

Als Eva merkt, dass sie in ihrer Entwicklung nicht weiter vorankommt, verlässt sie Richard. Wäre sie bei ihm geblieben und er hätte sich nicht geändert, hätte sie sich wieder unterwerfen müssen und damit hätte sie ihr gerade gefundenes Paradies verloren. Manchmal findet man das Paradies erst, indem man einen vorgeblich sicheren Hafen verlässt. So kommt Eva aus der Abhängigkeit in die gesunde Autonomie und entwickelt aus dieser Selbstständigkeit heraus ihre Fähigkeit zu lieben, ohne abhängig zu sein. Hätte sie nicht den Schritt zur Therapie gewagt, hätte sie für den Rest ihres Lebens alles, was sie sich nicht zutraut, ihrem Mann in die Schuhe geschoben, ohne jemals zu erkennen, dass sie einen Großteil der Verantwortung trägt. Sie hätte sich dadurch immer mehr vom eigentlichen Leben zurückgezogen. Zum einen, weil er das ja so wollte, aber vor allem, weil sie sich nur dort sicher fühlte. Ihr Selbstbewusstsein und -vertrauen würde mehr und mehr schwinden und dadurch würde sie uninteressant für sich selbst und natürlich auch für ihn. Er würde sie weiter betrügen und sie müsste weiterhin wegsehen.

Es gibt leider immer noch viele Frauen, die ihre Ehen ertragen und ihr Leid und ihre Wut auf das männliche Geschlecht unbewusst an ihre Töchter weitergeben. So hätte es auch Eva ergehen können. Ein verschwendetes Leben, ein Nebeneinanderher statt eines Miteinanders. Ein Leben ohne Entwicklung und Selbstwerdung. Sobald ihre Tochter dann erwachsen gewesen wäre, hätte Eva sich gar nicht mehr gebraucht gefühlt und sich gefragt, ob das nun alles gewesen sein soll. Dann hätte sie vom Leben sicher noch einen zweiten Wink bekommen und eventuell angefangen, ihr Leben zu überdenken und zu verändern, aber sie hätte dabei Jahre verloren. Je früher wir damit anfangen, uns auf uns selbst zu besinnen, desto besser.

Die neue Pat – kluge Pallas Athene mit der Fähigkeit, die Menschen zu nehmen, wie sie sind

Musterdurchbrechung 1: Pat überwindet ihre Vorurteile und sieht das Gute im anderen

Pat hat bisher in ihrem Leben alles alleine geregelt. Sie braucht angeblich niemanden und sie ist misstrauisch – besonders gegenüber Männern. Als sie diesen Unfall hat, erfährt sie etwas Neues. Ihr Chef, der Mann, dem sie nichts Gutes zutraut und von dem sie annimmt, dass er sie ablehnt, hilft ihr. Und nicht nur, dass er ihr hilft und sehr besorgt ist, er lässt sie mit keiner Geste spüren, dass sie sich in einer unterlegenen Position befindet. Dadurch lernt sie, dass nicht jeder Mann Macht ausübt, wenn er die Möglichkeit dazu hat. Sie kann sich entspannen und Vertrauen schöpfen.

Ihr Muster, Männer seien generell Feinde, wird durch eine gute Erfahrung, die das Gegenteil beweist, erschüttert. Durch diese positive Referenzerfahrung kann sie zukünftig mit ihrem Chef ein ganz anderes Vertrauensverhältnis aufbauen. Auch ihr Vorgesetzter kann sich ihr gegenüber entspannen, da sie ihm nicht mehr misstrauisch und feindselig gegenübertritt, und so betraut er sie mit wichtigen Aufgaben und die beiden arbeiten ab jetzt harmonisch zusammen.

Musterdurchbrechung 2: Pat lernt, Hilfe anzunehmen

In ihrer hilflosen Lage erfährt sie, wie angenehm es ist, wenn ein anderer für sie da ist. Sie kann Hilfe und die damit verbundene Nähe annehmen. Hier könnte man sich nun fragen, warum sie sich nicht in eine feste Partnerschaft begibt. Dazu ist zu sagen, dass weder die Amazone noch die Pallas Athene Frauentypen sind, die eine Liebesbeziehung oder feste Partnerschaft für ihr Lebensglück brauchen. Freundschaften sind für diese Frauen viel wichtiger, und diese können sie pflegen, ohne dabei ihre Autonomie aufzugeben. Hätte Pat dieses Erlebnis nicht gehabt und weiter gegen ihren Chef gearbeitet, würde all ihr berufliches Engagement sie nicht voranbringen, da sie jeden Vorgesetzten verärgern und somit niemals eine Vertrauensposition erhalten würde. Sie dürfte nur unbefriedigende Nebenrollen im Berufsleben spielen. Schließlich würde sie irgendwann resignieren und die innere Kündigung aussprechen. Privat würde sie vermutlich allein bleiben, da sie sämtliche Männer immer mehr verachtete und auch ihre eigene Weiblichkeit negierte, wo sie nur könnte. Irgendwann würde sie sich, von der Menschheit enttäuscht, so weit zurückziehen, dass sie auch ihre Freunde verlieren würde.

Die neue Alex – entschlossene Medea mit der Leichtigkeit der Circe, zu leben und zu lieben

Musterdurchbrechung 1: Alex löst sich aus ihren Beziehungsdramen

Durch viele schmerzhafte Erfahrungen erkennt Alex nach ihrer Operation, dass der springende Punkt ihrer sich permanent wiederholenden Beziehungsdramatik in der Auswahl ihrer Partner liegt. Nachdem das Problem ihrer Ehe darin lag, dass sie zu wenig Raum hatte und sich ständig eingeengt fühlte, hat sie den Spieß danach unbewusst umgedreht. Vor lauter Angst, in einer Beziehung ihre Selbstständigkeit aufgeben zu müssen, sucht sie sich Partner aus, die überhaupt nicht in der Lage sind, Nähe zu geben. Die Männerwelt bietet eine reiche Auswahl dieser Spezies. Es sind die erfolgreichen Manager, die Verkaufsprofis und Marketingspezialisten und ähnliche beziehungsunfähige Selbstdarsteller. Opfer ihrer Erziehung, ihres Ehrgeizes und ihrer mangelnden Bereitschaft, Nähe und Liebe auszuhalten und zu geben. Wahrscheinlich werden es immer mehr, weil unsere Welt immer ein Stück einsamer wird.

Nur, solange Alex den Männern die Schuld zuschiebt, kommt sie nicht weiter. Es gibt ja zum Glück auch andere. Solange sie aber selbst diese gewisse Distanz ausstrahlt, zieht sie wie mit einem unsichtbaren Magneten die einsamen Wölfe und lonesome Cowboys an. Und diese sind ja auch sehr attraktiv. Sie glitzern vor Charme, Erfolg und erlernter Eloquenz, aber sie können nicht lieben. Was nicht weiter auffällt, wenn dieser Typ Mann auf einen Typ Frau trifft, der sich mit einem kleinen Stück der großen Torte zufriedengibt. Dieser Mann meint es nicht böse, er will nicht verletzen, er lügt auch nicht. Er signalisiert gern Liebe, Geborgenheit und Wärme. Die wahre Botschaft ist in Nebensätzen zu finden, sie lautet: »Mein Beruf geht immer vor«, »Ich habe dir keine feste Beziehung versprochen« oder »Meine Freiheit ist mir das Wichtigste überhaupt«. Frauen hören diese Worte, aber nicht das Signal dahinter. Sie wollen es nicht hören oder sie glauben, dass er sich mit ihrer Hilfe schon noch ändern wird. Dazu hat Dietrich Schwanitz in seinem wunderbaren Buch über Männer sehr treffend geschrieben (Schwanitz, S. 31):

> *»Kaum sieht eine Frau einen besonders barbarischen und unzivilisierten Mann – sagen wir, einen Alkoholiker, einen Künstler, einen Neurotiker oder ein anderes Exemplar aus der Gattung der rücksichtslosen Egoisten –, so bildet sie sich ein, sie alleine könne ihn zähmen. Nur bei ihr würde er sanft und friedlich wie ein Schoßhündchen, und in ihrer Fantasie sieht sie an dieser*

Verwandlung ihre eigene Magie. Sie erlebt sich dann als Zauberin, als Circe und unwiderstehliche Verführerin. Da sie damit ihrer Tochter einen barbarischen Vater verschafft, vererbt sie ihr auch diese Fantasie.«

Hier schließt sich wieder der Kreis zu Medea, die sich an der Männerwelt rächen muss. Die Rache ist aber nicht die Lösung. Es gibt nur eine Lösung aus diesem Dilemma, und die heißt: die richtige Wahl treffen. Die Worte hören und die Signale zu einem Zeitpunkt erkennen, an dem der Ausstieg noch nicht das Herz zerreißt. Um aber die Signale deuten zu können und mit den eigenen Herzenswünschen in Einklang zu bringen, muss Frau wissen, was sie will und was sie nicht will, welchen Preis sie bereit ist zu zahlen.

Musterdurchbrechung 2: Alex wandelt ihr Liebe-Leistungs-Thema in ein Liebe-Daseins-Thema

Das Alarmsignal ihres Körpers zeigt Alex, dass es Dinge im Leben gibt, die sie nicht durch Leistung beeinflussen kann. Sie sieht der Endlichkeit des Lebens ins Auge, und in diesem Moment kommen ihr alle Menschen, die nur dem Erfolg nachrennen, unerträglich vor. Sie erkennt aber auch, dass sie selbst genauso ist. Dadurch, dass sie dies nicht nur kognitiv erfährt, sondern körperlich erspürt, wird sie demütiger dem Leben gegenüber. Sie hört auf, die Menschen nach dem zu beurteilen, was sie leisten, und beginnt zu sehen, was sie sind. Und so öffnet sich auch ihr Blick für Männer, die sich nicht narzisstisch mit einer erfolgreichen Frau umgeben wollen oder ihr Können faszinierend finden. Sie lernt Männer kennen, die die Frau in ihr sehen, die Frau mit all ihren Wünschen, Sehnsüchten, Ängsten und Hoffnungen. Und sie kann aufhören, im Hamsterrad zu rennen, und sich dem widmen, was sie wirklich ausmacht. Sie überwindet den Glaubenssatz, nur so viel wert zu sein, wie sie leistet. Sie erkennt, dass Liebe etwas ganz Einfaches und Leichtes ist, etwas, das nur sich selbst gibt und keine Leistung, keine Beweise und keine Anstrengung verlangt.

Ohne das schmerzhafte Erlebnis und das Nachdenken darüber wäre Alex vielleicht noch ein paar Jahre sehr erfolgreich gewesen. Sie hätte weiter ihre berufliche Anerkennung mit dem Scheitern ihrer Beziehungen bezahlt, bis sie eines Tages aufgegeben hätte, sich überhaupt noch auf jemanden einzulassen. An diesem Punkt angelangt, würde sie vermutlich zu einer einsamen, verbitterten und harten Frau werden, die vom Leben enttäuscht ist und nach und nach ihren Optimismus verliert. Mit dem Optimismus ginge aber auch ihre Kreativität verloren. Gesundheitliche Probleme und Burn-out würden drohen. Denken Sie an die Callas oder an Judy Garland. Beides Frauen, die ihren Ruhm bitter bezahlt haben.

Allen Frauen dieses Typs sei hier ein Gedicht von Khalil Gibran zum Geschenk gemacht, das dazu auffordert, sich dem Thema Liebe noch einmal anders zu nähern:

»Wenn die Liebe dir winkt, folge ihr,
sind ihre Wege auch schwer und steil.
Und wenn ihre Flügel dich umhüllen, gib dich ihr hin.
Auch wenn das unterm Gefieder versteckte Schwert dich verwunden kann.
Und wenn sie zu dir spricht, glaube an sie,
auch wenn ihre Stimme deine Träume zerschmettern kann wie der Nordwind den Garten verwüstet.
Denn so wie die Liebe dich krönt, kreuzigt sie dich.
So wie sie dich wachsen lässt, beschneidet sie dich.
So wie sie emporsteigt zu deinen Höhen und die zartesten Zweige liebkost, die in der Sonne zittern,
steigt sie hinab zu deinen Wurzeln und erschüttert sie in ihrer Erdgebundenheit.

Wie Korngarben sammelt sie dich um sich.
Sie drischt dich, um dich nackt zu machen.
Sie siebt dich, um dich von der Spreu zu befreien.
Sie mahlt dich, bis du weiß bist.
Sie knetet dich, bis du geschmeidig bist.
Und dann weiht sie dich ihrem heiligen Feuer, damit du heiliges Brot wirst für Gottes heiliges Mahl.
All das wird die Liebe mit dir machen, damit du die Geheimnisse deines Herzens kennenlernst und in diesem Wissen ein Teil vom Herzen des Lebens wirst.

Aber wenn du in deiner Angst nur die Ruhe und die Lust der Liebe suchst,
dann ist es besser für dich, deine Nacktheit zu bedecken und vom Dreschboden der Liebe zu gehen.
In einer Welt ohne Jahreszeiten, wo du lachen wirst, aber nicht dein ganzes Lachen,
und weinen, aber nicht all deine Tränen.
Liebe gibt nichts als sich selbst und nimmt nichts als von sich selbst.
Liebe besitzt nicht, noch lässt sie sich besitzen;
denn die Liebe genügt der Liebe.
Und glaube nicht, du kannst den Lauf der Liebe lenken, denn die Liebe,
hat keinen anderen Wunsch, als sich zu erfüllen.
Doch so du liebst und noch Wünsche haben musst, so seien dies deine Wünsche:
Zu schmelzen und zu werden wie ein fließender Bach, der sein Lied der Nacht singt.
Zu kennen die Pein allzu vieler Zärtlichkeit.
Wund zu sein von deinem eigenen Verstehen der Liebe; und zu bluten, willig und freudigen Herzens.
Zu erwachen beim Morgenrot mit beschwingter Seele und Dank zu bringen für einen neuen Tag der Liebe;
zu rasten um die Mittagsstunde und nachzusinnen über der Liebe Verzückung; heimzukehren in Dankbarkeit, wenn der Abend graut; und dann einzuschlafen,
mit einem Gebet für deinen Geliebten im Herzen
und einem Lobgesang auf den Lippen.«

KHALIL GIBRAN, »VON DER LIEBE«

Die erwachsene Rosalie – mit der Liebesfähigkeit der Psyche und der Musengabe, Tiefe in ihr Leben zu bringen

Musterdurchbrechung 1: Rosalie wandelt ihre Oberflächlichkeit in Tiefe

Rosalies Leben findet zunächst nur im Außen statt. Sie sieht gut aus, ist witzig und charmant und wird von den Männern bewundert. Sie definiert sich durch ihre Attraktivität und sucht die Bestätigung für alles, was sie tut, in Äußerlichkeiten. Sie nimmt das Leben nicht so ernst, und was sie braucht, fällt ihr irgendwie zu. Mit dieser Oberflächlichkeit verbaut sie sich den Zugang zu ihrem Innern, zu echten Gefühlen. Erst in der Begegnung mit Max spürt sie, dass es eine tiefere Ebene gibt. Dieser Junge, den das Leben bei Weitem nicht so verwöhnt hat wie sie, ist auf seine Art lebendiger und vielleicht auch erfüllter als sie selbst. Dadurch, dass sie etwas außerhalb ihrer gewohnten Realität erlebt, sich auf eine Begegnung einlässt, die komplett anders ist als alles, was sie kennt, erweitert sie ihre Möglichkeiten zu fühlen. Sie öffnet, indem sie sich in einen anderen Menschen hineinfühlt, eine Tür zu ihrem Selbst. Sie lernt dabei, alles, was sie tut, mit ihrer Seele zu erfüllen. Diese Gefühlstiefe ist dann auch die Grundlage dafür, eine gute und erfolgreiche Schauspielerin werden.

Manche Menschen erleben eine solche Erweiterung ihrer Gefühls- und Gedankenwelt im Umgang mit außergewöhnlichen Menschen. Eine ganz besondere Form der Bewusstseinserweiterung kann zum Beispiel in der Arbeit mit Tieren, mit Pferden oder Delfinen, erfahren werden. Diesen magischen Tieren gelingt es, den Menschen auf einer Ebene zu berühren, die tiefer liegt als das normale Bewusstsein. Auch in Seminaren können solche Situationen geschaffen werden.

> *»Wenn ihr's nicht fühlt, ihr werdet's nicht erjagen.«*
>
> Goethe, »Faust I«

Musterdurchbrechung 2: Rosalie erkennt bei sich die ödipale Triangulierung

In den Gesprächen mit dem Psychologieprofessor und anhand seiner Frage: »Was genau schmerzt?« wird Rosalie ihr Muster der Triangulierung bewusst. Das ist sicher kein Thema, auf das jemand ohne fremde Hilfe kommt. Ab und zu brauchen wir Menschen, die das Licht anmachen, damit wir die eigenen dunklen oder gar blinden Flecken erkennen. Alle Schemata, deren Ursprung in der Kindheit liegt, sind leichter mithilfe eines Profis herauszufinden und zu lösen als im Alleingang. Rosalie findet diesen Profi in Gestalt des Vaters von Max. Er verdeutlicht ihr, was sie bereits fühlt. Das ist ein wichtiger Prozess, ein Externer kann leichter innere Zusammenhänge herausarbeiten, analysieren, festhalten und explorieren. Nur dadurch, dass sie sich den Fragen und vor allem ihren eigenen Antworten stellt, kommt Rosalie sich selbst näher und kann nach und nach aufhören, sich durch die Oberflächlichkeit des Außen zu definieren.

Musterdurchbrechung 3: Rosalie entdeckt ihre eigene Liebesfähigkeit
Indem sie sich ihrem Innern zuwendet, bekommt die eigene Liebesfähigkeit bei Rosalie erst eine Chance. Auf einmal ist sie in der Lage, zu spüren, was Liebe ist und was nur Liebelei. Es ist, als wenn ein Schalter umgelegt würde. Die Quelle der Fähigkeit zu lieben ist die Liebe der Mutter, bei Männern wie bei Frauen. Manche Menschen haben das Glück und ihnen steht diese Quelle von Anbeginn zur Verfügung und sie können davon reichlich verschenken. Viele Menschen haben nicht so ein Glück und müssen sich diese Quelle erst durch andere liebevolle Erlebnisse wieder erschließen. So auch Rosalie. Sie konkurrierte stets mit der Mutter um den Vater und so suchte sie sich verheiratete Männer, um dieses Muster aufrechterhalten zu können. In dem Augenblick, wo ihr das bewusst wird, kann sie ein ganz anderes Liebesleben führen. Das heißt nicht, dass sie sich nie wieder auf eine nette Liebelei einlassen wird – aber sie wird den Unterschied erkennen, und das schon in den ersten Momenten einer Begegnung.

Hätte Rosalie diese Erfahrung nicht gemacht, würde ihr Leben noch ein paar Jahre leicht und ohne Tiefen verlaufen. Genau so lange, wie sie durch ihren Charme und ihre Schönheit immer wieder Männer findet, die ihr aus der Klemme helfen und sie unterstützen. Mit der einen oder anderen Schönheitsoperation könnte sie den Zeitpunkt der Wahrheit noch ein wenig hinauszögern. Aber irgendwann würde dann der Moment kommen, an dem dieses Spiel von inszenierter statt echter Weiblichkeit eher peinlich als aufregend wirkt. Sie würde dann genau da landen, wo sie niemals hin wollte, in der Mittelmäßigkeit. Selbst die schönsten Models sind, wenn sie nicht den Weg nach innen finden, mit 50 nichts mehr als die Schönheiten vergangener Tage.

5. Auf den richtigen Standpunkt kommt es an – das Positionierungsmodell

Frauen neigen zur Anpassung

Wer sich in der Welt behaupten will, braucht einen Standpunkt, von dem aus er agiert. Auch wer seinen Standpunkt verändern möchte, kann dies nur tun, wenn er einen hat. Für Frauen ist das Thema der überlegten Positionierung deshalb so wichtig, weil sie leicht geneigt sind, sich den äußeren Gegebenheiten anzupassen, statt klar Stellung zu beziehen. Warum dies so ist? Vermutlich aufgrund der langjährigen Sozialisation in einem Patriarchat, in dem Frauen gelernt haben, dass es klüger ist, sich der herrschenden Meinung anzupassen als zu rebellieren. Vielleicht auch, weil es den Frauen mehr gegeben ist, zu verzeihen und zu lieben. Aber jetzt – im 21. Jahrhundert – ändert sich das! Anpassung um jeden Preis ist nicht mehr notwendig. Im Gegenteil: Wir brauchen einen Standpunkt, von dem aus wir unsere Welt erobern wollen, und dieser Standpunkt darf und muss ganz individuell sein. Diesen Ort für sich selbst zu finden, darum geht es im folgenden Kapitel.

Ein Mensch, der keine Position im Berufs- wie im Privatleben hat, wird schwerer seine Ziele erreichen als jemand mit klarer Positionierung. Wer keinen Standpunkt bezieht, wird von der Außenwelt manchmal gar nicht wahrgenommen. Wer nicht weiß, wer er ist, was er will und wofür er steht, ist von den anderen leicht zu manipulieren. Wir brauchen also einen Standpunkt, von dem aus wir überall hinkommen; ein Motto oder eine Philosophie, die uns unser individuelles Handeln erlaubt und erleichtert.

Häufig fehlt es Frauen an der inneren Erlaubnis, das zu tun, was sie gerne tun möchten. Je stärker jedoch ihre innere Position ist, desto stärker können sie nach außen auftreten.

Jedes Produkt braucht eine Positionierung

Was macht ein Marketingspezialist, wenn er ein neues Produkt auf den Markt bringen will und dieses für seine Zielgruppe attraktiv und begehrenswert erscheinen soll? Er positioniert es im Rahmen der Produkteigenschaften. Je besser ein Produkt positioniert ist, desto bekannter wird es bei der Zielgruppe und desto eher wird es gekauft. So klar, so einfach – und doch die größte Kunst. Bei Marlboro denken die Menschen an Freiheit und Abenteuer, bei Bacardi an Sonne, Spaß und Sex im Inselflair und bei Merci-Schokolade an Dankbarkeit und Muttertag. Woran denken Sie, wenn Sie Camel hören? Hier wird es schon schwieriger. Camel hat mit seinen fliegenden Kamelen zwar lustige und intelligente Werbung, aber die Verbraucher verbinden dies nicht unbedingt mit einem Gefühl. Ein Produkt lässt sich aber besser verkaufen, wenn es emotional bei den Menschen verankert ist, und das gelingt nur, wenn es in der Werbung klar positioniert ist.

Genauso verhält es sich beim Persönlichkeitsmarketing. Was sollen Ihr Chef, Ihr Auditorium, Ihre Kunden mit Ihrem Namen emotional verbinden? Eine zielgerichtete, hoch professionelle Businessfrau, eine liebenswerte, hilfsbereite Freundin oder eine raffinierte Verführerin? Was es auch sein soll, es liegt in Ihrer Hand, sich so zu präsentieren und zu »vermarkten«, dass Sie als die Person wahrgenommen werden, die Sie gerne sein möchten. Nichts ist schlimmer, als wenn andere von Ihnen sagen: »Wer war denn gleich Frau XYZ, war das die Blonde mit dem grauen Kostüm, die so leise gesprochen hat?«

Wer sich gut positionieren will, muss zunächst einmal wissen, wer er ist und wer er sein möchte. Begeben wir uns also auf eine Reise zur Ergründung Ihrer Möglichkeiten, aber auch Ihrer Ambivalenzen, damit Sie Ihre »Marke Frau« kreieren können.

Ihre »Marke Frau«

Um die verschiedenen Positionierungsvarianten zu betrachten, stellen wir Polaritäten auf. Die einzelnen Positionen werden dann anhand von Frauentypen aus den verschiedensten Bereichen erläutert. Es wird dargestellt, wie sich Frauen zwischen den Polen bewegen – wie es aber auch möglich ist, beide Polaritäten in sich zu vereinen. Wir unterscheiden zwischen Primärpositionierungen, die sofort sichtbar werden, und Sekundärpositionierungen, feineren Abstufungen, die Ihr Bild abrunden. Während die Primärpositionierungen Ihr Fundament bilden, sind die Sekundärpositionierungen die Ausschmückung. Hier zunächst ein Überblick über die zahlreichen Möglichkeiten:

- die Private und die Geschäftliche

Primärpositionierungen

- die Heilige und die Hure
- die Rebellin und die Angepasste
- die Realistin und die Romantikerin
- die Optimistin und die Pessimistin

Sekundärpositionierungen

- die Melancholikerin und die Heitere
- die Hedonistin und die Tugendsame
- die Idealistin und die Pragmatikerin
- die Sinnliche und die Rationale
- die Emotionale und die Kognitive

Je tiefer wir in diese Polaritäten einsteigen, desto deutlicher wird, dass es nicht immer eine eindeutige Entweder-oder-Position gibt, sondern oft Widersprüche, die durchaus vereinbar sind. Es kommt darauf an, dass Sie sich klar werden, wo Sie stehen und wo Sie stehen möchten, wie Sie wahrgenommen werden als »Marke Frau« und wie Sie wahrgenommen werden wollen. Zur Vereinfachung wird im Folgenden immer von der »Marke Frau« gesprochen. Ersetzen Sie bitte »Marke Frau« durch Ihren eigenen Namen.

Die erste Polarisierung betrifft die private und die geschäftliche »Marke Frau«. Achten Sie bei den folgenden Übungen darauf, dass Sie immer zwischen der privaten und der geschäftlichen »Marke Frau« unterscheiden. Manche Leserinnen werden vielleicht einwenden, dass es Ihnen wichtig sei, immer authentisch aufzutreten. Bedenken Sie dabei bitte, dass »authentisch sein« nicht bedeutet, immer gleich zu sein. Sie werden authentischer in Ihrer privaten und Ihrer geschäftlichen Rolle sein, je klarer Sie sich diese beiden Positionen machen – in ihren Gemeinsamkeiten und in ihren Unterschieden. Der Wunsch, sich im Geschäftlichen genauso verhalten zu dürfen wie im Privaten, birgt die Gefahr großer Enttäuschungen und Kränkungen in sich. Die Berufswelt ist eine Welt, und die Privatwelt ist eine andere. Ihr Chef ist nicht Ihr Ehemann und auch nicht Ihr Vater, Ihre Kollegin nicht Ihre Freundin oder Schwester. Wer zu viele private Erwartungen in den Geschäftsalltag mitbringt, wirkt zum einen unprofessionell und wird zum anderen häufig enttäuscht werden.

Die private und die geschäftliche »Marke Frau«

Die private »Marke Frau« sollte so angelegt sein, wie Sie in Ihrem tiefsten Inneren fühlen, hier sollte Platz sein für all Ihre Sehnsüchte, Hoffnungen und verrückten Wünsche, für Freunde und für Hobbys. Hier geht es ausschließlich darum, wie Sie sein möchten, während bei der geschäftlichen »Marke Frau« im Vordergrund steht, wie Sie sein sollten, um Ihre Ziele zu erreichen.

Professionalität braucht Privates als Ausgleich

Die Heilige und die Hure

Die wohl älteste Aufteilung von Frauen in den Köpfen der Menschheit ist die in Heilige und Hure. Mit der Hure ist in diesem Sinne weniger die Prostituierte gemeint, die ihre Liebesdienste gegen Entgelt anbietet, sondern eher eine Frau, die von der Umwelt so bezeichnet wird, weil sie freudig ein polygames Sexualleben lebt. In früheren Zeiten wurden Frauen gerne von den Männern – aber leider auch von den Damen der Gesellschaft, die sich für Heilige hielten – in diese zwei Kategorien eingeteilt. So extrem diese beiden Pole klingen mögen, so nah können sie auch beisammenliegen, wie uns Maria Magdalena zeigt.

Heute, nach der sexuellen Revolution von 1968, Kommune eins und *Sex and the City*, sollte man meinen, dass diese Unterscheidung nicht mehr relevant ist. Ist das wirklich so, oder gilt nicht selbst in den Chefetagen moderner Konzerne ein Mann, der mehrere Frauen hat, noch immer als Held und eine Frau mit mehreren Liebhabern als Hure?

Die Hure von heute

Der Begriff »Hure« ist zwar veraltet, nicht jedoch seine Bedeutung in den Köpfen der Männer und der Frauen. Die Hure der Moderne wäre etwa Samantha aus *Sex and the City*, die keinen Hehl daraus macht, jeden Mann ins Bett zu bekommen, der ihr gefällt. Samantha ist eine erfolgreiche Geschäftsfrau, verhält sich aber niemals damenhaft. Im Grunde ist ihr Verhalten eher als männlich zu bezeichnen. Wenn wir Frauen uns allerdings angewöhnen, mehr und mehr die Eigenschaften der Männer anzunehmen, die wir an ihnen ablehnen, und uns die Männer irgendwann vorwerfen, wir würden sie nun sexuell ausbeuten und ihre Körper als Tankstellen unseres eigenen Ehrgeizes benutzen, dann sind wir zu weit gegangen in einer falsch verstandenen Emanzipation.

Das Gegenteil von Samantha ist Charlotte, die nach der großen Liebe sucht und sich ihrem Ehemann erst in der Hochzeitnacht hingibt, um dann festzustellen, dass der Gute leider impotent ist. Drum prüfe, wer sich ewig bindet …

Eine Balance zwischen diesen beiden Polen zu finden, das wird die große Herausforderung der Zukunft. Denn das Wunderbare und die größte Chance dieser Zeit für uns Frauen ist, dass wir sein können und dürfen, wer auch immer wir sein wollen. Das war leider nicht immer so – und die Schuld daran trägt meines Erachtens ein gutes Stück die Kirche, die den Frauen leider immer nur den zweiten Platz unter den Menschen gegeben hat. Da diese Erziehung noch in uns steckt, werden wir hier kurz darauf eingehen, denn durch eine neue Sicht auf bekannte Dinge können Menschen ihr Weltbild, ihr Verhalten und somit ein wenig auch ihr Schicksal ändern.

Die Frau in der Bibel

Gehen wir zurück in die Geschichte des frühsten Christentums. Besehen wir uns heute einmal die Geschichte von Maria Magdalena, der wohl bekanntesten Heiligen und Hure in einer Person. Es gibt einigen Grund anzunehmen, dass hier die Herren der Kirche die Wahrheit etwas zu ihren Gunsten abgeändert und den Frauen eine eher untergeordnete Rolle zugeschrieben haben. Der Roman von Dan Brown, *Sakrileg*, zu dessen Boykott die katholische Kirche aufgerufen hat, gibt dem Thema Weiblichkeit in der Bibel wieder neue Aktualität. Brown behauptet darin, dass der Heilige Gral nichts anderes sei als Maria Magdalenas Leib, die sowohl Jesus' Frau als auch die Mutter einer gemeinsamen Tochter gewesen sei. Jesus war, so auch manche Bibelinterpreten, der Meinung, dass die Religion sowohl in männlicher als auch in weiblicher Hand liegen sollte. Folgende Bibelstellen bieten einige Indizien für diese Annahmen:

> *»Und es begab sich danach, dass er durch Städte und Dörfer zog und predigte und verkündete das Evangelium vom Reich Gottes; und die Zwölf waren mit ihm, dazu etliche Frauen, die er gesund gemacht hatte von bösen Geistern und Krankheiten, nämlich Maria, die da Magdalena heißt, von welcher waren sieben Geister ausgefahren, und Johanna, die Frau des Chusa, eines Verwalters des Herodes, und Susanna und viele andere, die ihnen Handreichung taten von ihrer Habe.«* Lukas 8

> *»Sechs Tage vor dem Passafest kam Jesus nach Bethanien, wo Lazarus war, welchen Jesus auferweckt hatte von den Toten. Daselbst machten sie ihm ein Mahl, und Martha diente; Lazarus aber war deren einer, die mit ihm zu Tisch lagen. Da nahm Maria ein Pfund Salbe von unverfälschter, köstlicher Narde und salbte die Füße Jesu und trocknete mit ihrem Haar seine Füße; das Haus aber war voll vom Geruch der Salbe. Da sprach seiner Jünger einer, Judas Ischariot, der ihn hernach verriet: Warum ist diese Salbe nicht verkauft um dreihundert Silbergroschen und den Armen gegeben? Das sagte er aber nicht, weil er nach den Armen fragte, sondern er war ein Dieb und hatte den Beutel und nahm an sich, was gegeben ward. Da sprach Jesus: Lass sie in Frieden! Mag es gelten für den Tag meines Begräbnisses. Denn*

Arme habt ihr allezeit bei euch; mich aber habt ihr nicht allezeit.« JOHANNES 12, 1-9

»Maria aber stand vor dem Grab und weinte draußen. Als sie nun weinte, schaute sie in das Grab und sieht zwei Engel in weißen Gewändern sitzen, einen zu Häupten und den anderen zu Füßen, da sie den Leichnam Jesu hingelegt hatten. Und dieselben sprachen zu ihr: Weib, was weinest du? Sie spricht zu ihnen: Sie haben meinen Herrn weggenommen, und ich weiß nicht, wo sie ihn hingelegt haben. Und als sie das sagte, wandte sie sich um und sieht Jesus stehen und weiß nicht, dass es Jesus ist. Spricht Jesus zu ihr: Weib, was weinest du? Wen suchest du? Sie meint, es sei der Gärtner, und spricht zu ihm: Herr, hast du ihn weggetragen, so sage mir, wo hast du ihn hingelegt, so will ich ihn holen. Spricht Jesus zu ihr: Maria! Da wandte sie sich um und spricht zu ihm auf Hebräisch: Rabbuni!, das heißt Meister! Spricht Jesus zu ihr: Rühre mich nicht an! Denn ich bin noch nicht aufgefahren zum Vater. Gehe aber hin zu meinen Brüdern und sage ihnen: Ich fahre auf zu meinem Vater und zu eurem Vater, zu meinem Gott und zu eurem Gott. Maria von Magdalena kommt und verkündet den Jüngern: Ich habe den Herrn gesehen, und solches hat er zu mir gesagt.« JOHANNES 20, 11-18

Diese Bibelstellen bieten einige Hinweise:

- Jesus hatte auch weibliche Jünger, die aber später nicht weiter erwähnt werden.
- In der sehr erotischen Szene des Füßesalbens deutet sich an, dass Maria Magdalena eine besondere Rolle im Leben Jesu gespielt haben muss und dass sie möglicherweise durch ihre große Nähe zu Jesus den Neid der männlichen Gefolgsleute auf sich zog. Diese besondere Nähe belegt auch die Stelle, da er zärtlich »Maria« zu ihr sagt und sie warnt, »rühre mich nicht an«, was auch bedeuten kann, halte mich nicht fest – also: Lass mich gehen!

Manche Kunsthistoriker betonen, dass auf Leonardo da Vincis berühmtem Gemälde *Das Abendmahl* der Jünger neben Jesus deutlich weibliche Züge erkennen lässt und außerdem das gleiche Gewandt trägt wie Jesus, was zur damaligen Zeit bedeutete, dass die beiden verheiratet waren.

Ungeachtet des Wahrheitsgehalts der einen oder anderen Interpretation dieser Bibelgeschichten, ist es spannend, dass ausgerechnet jetzt, im Zeitalter der Lilith, diese Thematik wieder solche Beachtung findet. Ist es tatsächlich so, dass die Frauenrolle in der Bibel immer schon verfälscht und als wesentlich schwächer dargestellt wurde, als sie tatsächlich war? Aber warum haben sich die Frauen nie gewehrt? Vielleicht, weil es ihnen im tiefsten Innern ihres Herzens nicht so wichtig ist, was über sie gedacht und geschrieben wird. Sie wissen und fühlen ganz einfach, dass ihre Fähigkeiten so viel wichtiger sind als Ruhm und Glanz.

Jesus – der erste Feminist?

Vielleicht wollte Jesus wirklich die Kirche in weibliche und männliche Hände legen. Vielleicht war er der erste Feminist, der erkannt hat, dass das Weibliche gemeinsam mit dem Männlichen mehr Heil in der Welt schaffen kann als der Geschlechterkampf. Spannend ist hier die Weiterentwicklung der Fantasie von Heiliger und Hure, denn in Maria Magdalena finden wir beides in einer Person, in einer Frau vereint.

Trifft ein Mann eine Frau, so wird sein Unterbewusstsein automatisch eine Entscheidung treffen, wird diese Frau zur Heiligen oder zur Hure stempeln. Die Tatsache, dass Männer unbewusst immer noch so ticken, muss jeder modernen Frau klar sein. Testosteron heißt das Teufelshormon, dem er hier unterliegt. Es lässt ihn seine Erziehung, seine Bildung und sogar sein Denken vergessen und ihn nur noch hormonell reagieren. Dieses Hormon wird ihm diktieren, ob er sie beschützen, bekämpfen oder begatten möchte. Das entspricht vermutlich nicht dem Selbstbild der Männerwelt – aber es ist nun einmal Fakt, dass Menschen auch hormonell reagieren. Entscheidungen werden nicht rational, sondern emotional, also auch hormonell getroffen und danach rational erklärt, um das Selbstbild wieder in Ordnung zu bringen. Es ist klüger, diese Tatsache zu akzeptieren und sich dieses Wissen zunutze zu machen, als gegen die Natur anzukämpfen.

Verinnerlichtes Frauenbild – Diana

Was war der tatsächliche Erfolg einer Prinzessin Di? Womit ist sie Königin der Herzen geworden? Vielleicht war es dieser unglaubliche Blick, mit dem sie in die Welt schaute, wie das unschuldigste aller Wesen. Sie konnte auf eine unvergleichliche Art und Weise ihre Augen von unten nach oben rollen, die den Hormonspiegel jedes gesunden Mannes nach oben schnellen ließ. Und der so Angehimmelte hatte nur noch einen Wunsch: Er wollte diese Frau beschützen – nur beschützen! Und selbst als Frau hatte man den Drang, dieses Wesen vor der Welt, dem bösen Charles oder der Rivalin Camilla in Schutz zu nehmen.

Möchte man Sie eher beschützen, verführen oder bekämpfen?

Bedeutung der inneren Heiligen oder Hure für Ihre private »Marke Frau«

Heiligen- und Hurenzeiten

Im 21. Jahrhundert kann Frau sein, wie auch immer sie sein will. Erlaubt ist, was gefällt. Sie kann einem Mann treu sein oder mehreren. Der einzige Mensch, der darüber zu befinden hat, ist sie selbst. Dabei ist nur eines wichtig: Sie muss wirklich wissen, was sie will. Im Laufe eines Lebens wird es Zeitfenster geben, in denen eher die Heilige ihren Raum findet, und solche, in denen ein freieres und polygames Leben Spaß macht. Finden Sie getreu dem Motto »Leben und leben lassen« heraus, wo Sie gerade stehen. Nur wenn Sie das wissen, können Sie für Ihr Leben die richtigen Entscheidungen treffen. Sollte Ihnen ein Freund, der es nur gut mit Ihnen meint, in einer Phase, in der sie gerne Ihre Hure ausleben möchten, sagen, dass sie sich von zwei ihrer drei Liebhaber trennen sollten, trennen Sie sich lieber von ihrem moralischen Freund. Glauben Sie eines: Wenn Sie wirklich den »Richtigen« treffen, werden Sie ihm treu sein, ohne sich dafür zur Heiligen wandeln zu müssen. Entscheidungen sind nur dann gut, wenn sie fern jeglicher fremder Moral, nur aus dem innersten Fühlen und der tiefsten eigenen Überzeugung getroffen werden.

Verlassen Sie sich darauf: Frauen treffen immer jene Männer, die gerade für ihre Entwicklung von entscheidender Bedeutung sind. Ob sie diese Bedeutung erkennen und daraus lernen, liegt dann wiederum an der Entwicklungsfreudigkeit jeder Einzelnen. Das Tragische ist, dass Sie den für Sie wirklich »guten Mann« erst treffen werden, wenn Sie in Ihrer eigenen Entwicklung so weit sind. Es liegt also allein an Ihnen, ob Ihr ganz persönlicher »Mr. Perfect« in Ihr Leben tritt oder nicht.

Positionierung der inneren Heiligen oder Hure für Ihre private »Marke Frau«

ÜBUNG

1. Wo stehen Sie gerade privat?

Bitte tragen Sie ein, wo Sie sich gerade in Ihrem momentanen Zeitfenster befinden.

Heilige — **Scheinheilige** — **Hure**

keusch – moralisch – zugeknöpft – zurückhaltend – schamhaft – heimlich erotisch – offen sinnlich – sexuell aktiv – triebhaft – polygam

2. Wie eindeutig oder uneindeutig (ambivalent) fühlen Sie sich bei dieser Frage?

____

3. Eigenbild und Fremdbild

Bitte beantworten Sie sich folgende Fragen:

a) Welche Vorbehalte haben Sie, sich hier klar zu positionieren?

____

b) Gibt es einschränkende Gedanken oder Widerstände in Ihrem Kopf?

____

c) Wenn b) ja, wer meldet sich hier zu Wort? (Sie selbst, Ihr Gewissen, Ihre Mutter, Ihr Vater, Geschwister, Großmutter/-vater, [Ex-]Ehemann, [Ex-]Partner, Freunde etc.)

____

d) Wo würden Sie diese Personen auf der Achse positionieren?

---

e) Wie hilfreich sind die Ansichten dieser Menschen heute noch für Sie?

---

f) Was hält Sie davon ab, diese Fremdansichten für sich zu verändern?

---

g) Wenn Sie sich von diesen Einschränkungen gelöst haben, wo würden Sie sich dann eintragen und wohlfühlen?

Heilige	**Scheinheilige**	**Hure**

keusch – moralisch – zugeknöpft – zurückhaltend – schamhaft – heimlich erotisch – offen sinnlich – sexuell aktiv – triebhaft – polygam

Bedeutung der inneren Heiligen oder Hure für Ihre geschäftliche »Marke Frau«

Frauen werden als Frau wahrgenommen

Frauen können davon ausgehen, von Kollegen, Vorgesetzten, Kunden und anderen Geschäftspartnern immer auch als Frau wahrgenommen zu werden und nicht nur in ihrer beruflichen Funktion. Das Thema ihrer Erreichbarkeit als Frau kommt bei passender Gelegenheit garantiert auf den Tisch. Über Frauen, die sich erotischer geben, wird anders gesprochen als über Frauen, die sich unantastbar geben. Das Thema Sexualität ist in unserer Gesellschaft wichtig und allgegenwärtig. Selbst wenn es nicht ausgesprochen wird, ist es doch immer subtil vorhanden. Egal, ob Sie sich in einem Vorstellungsgespräch, im Verkauf oder auf einem Podium befinden, Sie werden als Frau, also auch erotisch wahrgenommen.

Wie Sie aber genau bei Ihrer Zielgruppe ankommen, steuern Sie ganz alleine. Möchten Sie Circe oder Amazone sein? Was entspricht Ihnen mehr, und was nützt Ihnen mehr? Wollen Sie in einer kirchlichen Einrichtung arbeiten, sollten Sie sich eher den Anstrich einer Heiligen geben, wollen Sie in einer stark männerdominierten Welt Fuß fassen, sollten Sie nicht zu heilig erscheinen. Heilige Frauen wirken auf Männer eher einschüchternd, sie machen ihnen ein schlechtes Gewissen. Männer wollen gerne ihre Spiele spielen, Witze erzählen, politisch nicht immer ganz korrekt sein. Heilige Frauen wirken da häufig wie Spielverderber. Wenn Sie in den Kreis der Männer aufgenommen werden wollen, sollten Sie sich in diesem Punkt anpassen. Verführerisch zu sein hilft zwar häufig, erscheinen Sie aber als »leicht zu haben«, wird es für Sie auch nicht einfach sein, da Männer vor diesem Frauentyp absolut keinen Respekt haben.

Zwischen Vamp und Business-Androgyn

Es geht also darum, ein ausgewogenes Verhältnis zwischen Vamp und Business-Androgyn hinzubekommen, das Sie in jeder Situation gewinnen lässt. Sie brauchen ein Image, das sowohl Ihre Fachkompetenz als auch Ihre Verführungskraft unterstreicht. Vor allem dürfen Sie eines nicht: den Männern Angst machen, ihnen gefährlich zu werden. Denn die sind immer noch in der Überzahl und mögen es nicht, wenn Sie ihnen ihre Macht allzu offensichtlich streitig machen. Denken Sie immer daran, Menschen handeln hormonell. Der anerkannte Philosoph Ken Wilber schreibt in seinem Werk *Eine kurze Geschichte des Kosmos* (Wilber, S. 72):

> *»Mit der Familialisierung des Mannes beginnt aber die einzigartige, schwere, langwierige und alptraumhafte Aufgabe aller späteren Zivilisationen: die Zähmung des Testosterons. Vögle es oder töte es … Man gehört entweder zu dem, was gevögelt, oder zu dem, was getötet wird.«*

Auch wenn Ken Wilber hier eine sehr frühe Stufe der Entwicklung beschreibt, so ist nicht von der Hand zu weisen, dass auch heute noch sehr häufig ein männliches Wesen, das einem anderen Geschöpf begegnet, von seinem Hormonsystem genau diesen Befehl bekommt: »Vögle es oder töte es.« Also denken Sie immer an die Zauberkraft des Testosterons und machen Sie sich diese zunutze. Wenn Sie es schaffen, dass er Ihnen hilft, ist es sicherer und angenehmer für Sie, als wenn er Sie bekämpft, und wenn er Sie respektiert, sind Sie erfolgreicher, als wenn er nur erotische Bilder von Ihnen im Kopf hat.

Überlegen Sie zukünftig immer: »Wie kommt das, was ich gerade sage, beim anderen an?« Wie wirken Ihre Kleidung, Ihre Körpersprache, Ihre Gesten und Ihre Stimme?

ÜBUNG

Positionierung der inneren Heiligen oder Hure für Ihre geschäftliche »Marke Frau«

1. Wo stehen Sie gerade?
Bitte tragen Sie hier eine Markierung ein, wie Sie vermutlich von anderen gesehen werden, und eine zweite Markierung dafür, wie Sie gesehen werden möchten.

Heilige	**Scheinheilige**	**Hure**

keusch – moralisch – zugeknöpft – zurückhaltend – schamhaft – heimlich erotisch – offen sinnlich – sexuell aktiv – triebhaft – polygam

2. Welche Spielregeln gelten in Ihrem Unternehmen?
a) Ist Ihr geschäftliches Umfeld eher als konservativ oder weltoffen einzuschätzen?

konservativ — **weltoffen**

b) Wie wirken die erfolgreichen Frauen in Ihrem Unternehmen?

Heilige — **Hure**

3. Wie möchten Sie wahrgenommen werden?
a) Was soll man über Sie sagen, wenn Sie nicht anwesend sind?

b) Welche Assoziationen sollen Ihre Kollegen und Kunden zu Ihnen als Frau haben?

c) Wie schätzen Sie Ihr Outfit ein?

Heilige ——————————————————— **Hure**

d) Wie schätzen Sie Ihre Körpersprache ein (Gang, Haltung, Gestik etc.)?

Heilige ——————————————————— **Hure**

e) Wie schätzen Sie Ihr Verhalten Ihren Kollegen gegenüber ein?

Heilige ——————————————————— **Hure**

f) Wie schätzen Sie Ihr Verhalten Ihrem Chef gegenüber ein?

Heilige ——————————————————— **Hure**

g) Wie schätzen Sie Ihr Verhalten Ihren Kunden gegenüber ein?

Heilige ——————————————————— **Hure**

4. Gibt es eine Unterscheidung der beiden Markierungen bei 1.?

Ja O Nein O

5. Wenn 4. Ja, in welche Richtung sollte Ihr Image zukünftig gehen?

____

____

____

(Wie Sie Ihr persönliches professionelles Image zaubern, erfahren Sie in Kapitel 6.)

Die Rebellin und die Angepasste

Sympathische Rebellin – Pippi Langstrumpf

Die Neigung zur Rebellion oder zur Anpassung wird bei Frauen sehr häufig durch die Beziehung zum Vater oder das Verhalten der Mutter gegenüber dem Vater geprägt. So gibt es Töchter, die es sich zum Lebensziel gemacht haben, alles zu tun, um ein einziges Ziel zu erreichen – es den Eltern zu zeigen. Diese rebellischen Töchter lieben es, zu provozieren und sich aggressiv gegen alles aufzulehnen, was an Autorität erinnert. Ein sympathisches Beispiel dieser Rebellin ist Astrid Lindgrens Figur Pippi Langstrumpf. Sie ist stärker als jeder Erwachsene, lebt alleine in einem Haus mit einem Pferd und einem Affen und tut oder lässt alles, was ihr gefällt. Sie hat niemals Angst, ist gerne alleine und vor allem ist sie völlig unbekümmert darüber, was andere von ihr denken. Astrid Lindgren hat mit dieser Pippilotta Viktualia ein Bild weiblicher Rebellion geschaffen, mit dem sich viele Mädchen identifizieren können. Pippi ist deshalb so sympathisch, weil sie, egal, welche Abenteuer sie zu bestehen hat, dabei niemals den Humor verliert.

Das Gegenteil zu ihr ist die brave Annika, die allen gefallen und immer gehorsam sein will und ein schrecklich schlechtes Gewissen hat, wenn sie auch nur zu spät zum Essen kommt.

Während sich die Rebellin gegen alles auflehnen muss, was nach einer Regel aussieht, versucht die Angepasste jede Regel zu befolgen, von der sie glaubt, dass sie bestehen könnte.

Sanfte Rebellin – Hildegard von Bingen

Aber Anpassung und Rebellion können auch sehr nahe beisammen liegen. Nehmen wir zum Beispiel die Heilige Hildegard von Bingen. Sie war eindeutig eine Heilige. War sie nun aber Rebellin oder Angepasste? Ich denke, sie war vor allem sehr schlau und beherrschte es, da rebellisch zu sein, wo sie Veränderung bewirken konnte, und sich anzupassen, wo sie die Hilfe derer, die sie brauchte, nicht verspielen wollte. Sie war sehr stark hierarchisch geprägt. Es gab ihrer Ansicht nach in der Welt ein Oben und ein Unten, das Gott so gewollt hatte und dem man gehorchen musste. Sie kam aus einer aristokratischen Familie und hatte es sehr wohl gelernt, sich anzupassen. Das kam ihr in ihrem eigentlichen Streben zugute, nämlich sich gegen dieses eine Gesetz der Kirche aufzulehnen und es für sich selbst zu brechen, das schon der Apostel Paulus festlegte: *»... einer Frau gestatte ich nicht, dass sie lehre.«* Und so schaffte sie es, nicht nur zu lehren, sondern auch Bücher, Predigten, Gedichte und Choräle zu schreiben. 1150 bekam sie ihr eigenes Kloster, später noch ein weiteres Gotteshaus. Natürlich hatte sie immer wieder Ärger mit neidischen und machthungrigen Kirchenmännern. Einmal wollten sie ihr und ihren Nonnen sogar das Singen verbieten, weil die Nonnen zu schön gekleidet und der Gesang zu lieblich wäre. Aber auch darüber verhandelte sie – und gewann. Sie hat am Ende immer gewonnen, mit äußerer Sanftmut und darunter eiserner Willensstärke. Sie war rebellisch, um ihre Grundansichten zu vertreten, aber angepasst genug, um es sich nie ganz mit der Obrigkeit zu verscherzen, das machte sie so brillant in dem politischen Spiel einer männerdominierten Welt.

Bedeutung der inneren Rebellin oder Angepassten für Ihre private »Marke Frau«

Cynthia – die Hingebungsvolle

Ein ergreifendes Bespiel der Angepassten im Privatleben ist die Cynthia in Hemingways *Schnee am Kilimandscharo*. Ava Gardner spielt Cynthia, die aufopferungsvoll Harry Street, dargestellt von Gregory Peck, liebt. Harry, ein ruhe- und rastloser Schriftsteller auf der Suche nach sich selbst, will nur eines: ständig unterwegs sein – mit ihr oder ohne sie. Cynthia, der Inbegriff der liebenden Frau, wünscht sich nichts sehnlicher als ein Kind und ein ruhiges Familienleben. Bevor sie ihm sagen kann, dass sie schwanger ist, eröffnet er ihr, dass er einen Auftrag bekommen habe, für eine Zeitung in Spanien zu arbeiten, und wie sehr es sein Wunsch sei, unterwegs zu sein und dass er ihr nicht böse sei, wenn sie alleine eine Weile nach Paris ginge ... Sie geraten in Streit, ohne dass sie ihm ihre Schwangerschaft eröffnet, und er geht hinaus. Sie folgt ihm, vor ihr liegt eine große tiefe Treppe. Ihr Gesicht zeigt deutlich den Schmerz und die Trauer, nicht beides haben zu können, den geliebten Mann und das Kind – und sie stürzt sich hinab. Sie will seinen Plänen nicht im Weg stehen. Als Harry im Krankenhaus erscheint, erfährt er vom Arzt, dass seine Frau ihr Kind verloren habe, und Cynthia lächelt ihn traurig an und unterwirft sich seinem Leben, indem sie leise sagt: »Jetzt können wir gemeinsam nach Spanien fahren.«

Wie viel Cynthia leben Sie privat?

Judith – die Grausame

Das Gegenstück dieser Aufopferung in der Liebe zu einem Mann finden wir in der Legende der Judith. Judith war der biblischen Geschichte nach eine junge Frau aus der jüdischen Bergstadt Bethulia, die von den Assyrern unter König Nebukadnezar belagert wurde. Der Heerführer Holofernes war für Grausamkeiten gegen die Bevölkerung verantwortlich. Judith schaffte es nun, durch ihren Charme, ihre liebreizende Schönheit und Anmut zu ihm vorzudringen, und er lud sie in sein Zelt ein. Das genau war ihr Plan, sie wollte sich ihm zum Schein hingeben, um ihn zu ermorden. Und so tat sie es auch. Sie verführte ihn, und sofort nach dem Akt soll sie ihm mit seinem eigenen Schwert den Kopf abgeschlagen haben und unerkannt aus dem Zelt verschwunden sein. Diese Legende hat die Kunst bewegt und die Psychologie. Gemalt wurde die Szene der fast nackten Frau mit dem Schwert und dem Kopf des Geliebten in der Hand oft von Frauen, die sich wohl in der Wut der Judith wiederfanden. Wie nahe liegen hier (scheinbare) Anpassung und Rebellion beieinander? Und wie nahe Erotik und Hass? Hat Judith Holofernes vielleicht nicht nur getötet, weil er für den Tod ihrer Familie und vieler Menschen ihrer Stadt verantwortlich war, sondern auch deshalb, weil sie etwas für ihn empfand, während sie mit ihm schlief, obwohl er der Mörder ihrer Freunde war? Die Nähe von Sexualität und Gewalt ist auf jeden Fall spannend. Sicherlich hat Judith im engeren Sinne nicht privat gehandelt, sie hatte einen Auftrag (den sie sich selbst gegeben hat). Aber wie viel innere Stärke muss diese Frau besessen haben? Es ist kaum vorstellbar, dass sie zu Hause die aufopferungsvolle Gefährtin gespielt hat.

Positionierung der inneren Rebellin oder Angepassten für Ihre private »Marke Frau«

ÜBUNG

1. Wo stehen Sie gerade in Ihrem privaten Umfeld?

Rebellin — **Angepasste**

Kämpferisch, mit dem Flammenschwert in der Hand — Brav, zurückhaltend/nach meinem Freund/Mann sehend

2. Bitte beantworten Sie sich selbst folgende Fragen:

a) Wären Sie lieber Judith, Cynthia oder Hildegard von Bingen?

____

b) Was genau gefällt Ihnen an Ihrer Favoritin?

____

c) Wie haben Sie das Verhältnis Ihrer Mutter zu Ihrem Vater gesehen?

____

d) Was hat Ihnen Ihr Vater über das Leben, die Männer, den Beruf, Anpassung und Rebellion gesagt?

____

____

e) Was hat Ihnen Ihre Mutter über das Leben, die Männer, den Beruf, Anpassung und Rebellion gesagt?

____

____

3. Sind Sie mit Ihrer Position zwischen Rebellion und Anpassung zufrieden?

Ja ○ Nein ○

4. Falls 3. mit Nein beantwortet wurde:

a) In welchen Situationen möchten Sie zukünftig wie handeln?

---

b) Welche Figur aus dem Mythenrad könnte zukünftig Ihr Vorbild sein?

Bedeutung der inneren Rebellin oder Angepassten für Ihre geschäftliche »Marke Frau«

Das rechte Maß finden

Im Geschäftlichen spielt die Fähigkeit zur Anpassung wie zur Rebellion eine entscheidende Rolle. Zunächst haben Sie herausgefunden, was Ihre ursprüngliche, private Position ist. Jetzt geht es darum, zu beleuchten, wie weit Sie mit dieser Ihnen gemäßen Art, sich im Leben zu bewegen, Ihre Ziele erreichen. Viele Rebellinnen haben wunderbare Ideen, grenzenlose Power, sind kreativ bis zu den gefärbten Haarwurzeln – und scheitern regelmäßig an ihrem Mangel an Diplomatie. Männer lassen sich nicht gerne etwas vorschreiben, und rebellische Frauen wecken bei Männern Widerstand. Angepasste Frauen werden es ebenso wenig an die Spitze schaffen, weil sie sich lieber unterordnen, als selbst zu führen. Entscheidend ist also, das richtige Maß zu finden. Wenn Sie eher angepasst sind, wird es Zeit, ein Stück Freiheit zu gewinnen, indem Sie sich klarmachen, was Sie wollen, und dies entschlossen von der Umwelt fordern. Wenn Sie die Rebellin sind, die vielleicht bislang mit dem Kopf gegen die Wand rennt, heißt das für Sie, sich zu fragen, wie Sie diplomatischer vorgehen können bei dem, was Sie fordern, ohne sich zu verbiegen.

Diplomatie lernen

Pat aus dem ersten Teil der Geschichte ist eine Rebellin vor dem Herrn. Ihren Beruf wählt sie entsprechend, sie setzt sich für die Unterdrückten ein, engagiert sich für den Umweltschutz. Nur mit ihrem eigenen Chef kommt sie nicht klar. Würde sie es schaffen, mit ein wenig Diplomatie ihre Vorzüge in den Vordergrund zu stellen, ohne ihm das Gefühl zu geben, dass sie ihn im Grunde verachtet, würde ihre Karriere leichter gelingen. Das genau ist der wunde Punkt der Rebellinnen. Sie verachten die Welt, fühlen sich auf eine Art gleichzeitig überlegen und nicht gewürdigt, und so schlagen sie gerne um sich. Rebellion im eigenen Betrieb bringt wenig. Hier kommt es darauf an, sich geschickt anzupassen und planvoll die eigenen Vorstellungen sukzessive zu verwirklichen. Vorgesetzte, Mitarbeiter oder Kunden wollen für Ideen gewonnen, nicht dazu gezwungen werden. Druck erzeugt Gegendruck, und rein körperlich sind wir Frauen den Männern unterlegen. Warum also in einer Disziplin kämpfen, die wir nicht so gut beherrschen? Allen Rebellinnen sei hier gesagt: Je lohnender Ihre Ideen sind, desto diplomatischer sollten Ihre Mittel sein.

Die sehr Angepassten sollten umgekehrt lernen, deutlich den eigenen Standpunkt zu vertreten, sachlich zu argumentieren, und sich vor allem trauen, Widerständen – auch wenn sie »von oben« kommen – freundlich die Stirn zu bieten.

ÜBUNG

Positionierung der inneren Rebellin oder Angepassten für Ihre geschäftliche »Marke Frau«

1. Wie verhalten Sie sich in Ihrem Arbeitsalltag?

Rebellin

- o Ich mache was ich will, egal, wie hoch der Preis ist.
- o Die Meinung der anderen ist mir egal.
- o Ich selbst bin mir am wichtigsten.
- o Ich habe recht.

Angepasste

- o Ich mache, was mein Chef von mir verlangt.
- o Die Meinung der anderen ist mir wichtig.
- o Die anderen sind mir am wichtigsten.
- o Mein Chef hat recht.

2. Wo stehen Sie gerade und wo würden Sie gerne stehen?

Bitte tragen Sie hier eine Markierung ein, wie Sie momentan agieren, und eine zweite Markierung dafür, wie Sie mehr Erfolg haben würden.

Rebellin —————————————— **Angepasste**

Kämpferisch, mit dem Flammenschwert in der Hand — Brav, zurückhaltend, nach meinem Chef sehend

3. Gibt es eine Unterscheidung der beiden Markierungen?

Ja ○ Nein ○

4. Wenn 3. mit Ja beantwortet wurde:

a) Ich sollte mich mehr in Richtung Rebellion bewegen. ○
b) Ich sollte mich mehr in Richtung Anpassung bewegen. ○

5. Folgende Punkte werde ich zukünftig berücksichtigen:

Outfit: ____________________

Beziehungsmanagement: ____________________

Kommunikation: ____________________

Innere Einstellung: ____________________

Verhalten gegenüber Chefs: ____________________

(Wie Sie Ihr persönliches professionelles Image zaubern, erfahren Sie in Kapitel 6.)

Die Realistin und die Romantikerin

Sehen Sie die Welt durch eine rosarote Brille oder so, wie sie nun mal ist? Die Romantikerin ist immer auf der Suche nach der blauen Blume oder eben nach dem Unerreichbaren. Sie will ihre Träume leben und leidet dabei beständig an der grauen Wirklichkeit. Die Gefahr zu großer Romantik ist genau dieses Verzweifeln an der realen Welt. Nicht ohne Grund haben sich viele Romantiker der Vergangenheit das Leben genommen, aber nicht ein einziger bedeutender Philosoph. Sich realistisch mit dem Leben auseinandersetzen ist vielleicht hart, schützt jedoch vor Verblendung und Enttäuschung. Aber wer könnte das Leben schon in all seinen Facetten genießen, wenn er es ausschließlich so betrachtet, wie es tatsächlich ist, und nicht ab und zu die romantische Brille der Verklärung aufsetzt?

Audrey Hepburn – die inszenierte Romantikerin

Wie bei allen Polaritäten gibt es auch hier Ambivalenzen: Vermutlich eine große Realistin, die sich selbst so romantisch gegeben hat, dass jeder, der mit ihr zusammentraf, wieder anfing, an Feen zu glauben, war Audrey Hepburn. Diese 1,77 Meter große Frau mit dem Busen eines Kindes, zu großen Füßen und den Augen eines Rehs, die jeden, sah sie ihn an, immer zu fragen schien, ob er sie liebte, ließ das Testosteron der Männer in die Höhe schnellen. Sie wollten sie auf Händen tragen und vor der gefährlichen Welt beschützen. In ihrem Blick lag der Zauber des Staunens. Sie schaute auf die Welt, als würde sie sie gerade zum ersten Mal sehen. Romantische Rollen wie Eliza Doolittle in *My fair Lady* oder Gigi haben sie weltberühmt gemacht. Dabei war sie alles andere als naiv. Ihr Produzent Jack Warner soll über sie als Verhandlungspartnerin gesagt haben: *»Lieber hätte ich mit Dracula verhandelt, der blinkert wenigstens nicht immerzu mit schönen langen Wimpern.«*

Audrey Hepburn spielte die Romantikerin. Auch umgekehrt können Realismus und Romantik nahe beieinanderliegen. Manche kühle Realistin, die sich im Berufsleben niemals etwas vormacht, sich schonungslos behauptet, eiskalt kalkuliert und sich gnadenlos durchsetzt, ist privat hoffnungslos romantisch. Hier zeigt sich wieder das Phänomen der Dominanz und der Subdominanz. Je extremer jemand in einem Lebensbereich positioniert ist, desto größer wird die Sehnsucht nach dem anderen Pol.

Bedeutung der inneren Realistin oder Romantikerin für Ihre private »Marke Frau«

Wie viel Romantik erlauben Sie sich in Ihrem privaten Leben? Inwieweit lassen Sie sich tragen von dem, wie es sein könnte, statt zu realisieren, wie es ist? Träumen Sie noch oder leben Sie schon?

Amélie – die klassische Romantikerin

Der Inbegriff der Romantikerin ist die Filmfigur Amélie, die sich und ihren Freunden auf die fantasievollste und liebenswerteste Art und Weise eine Welt erschafft, jenseits der Realität. Da entführt sie den geliebten Gartenzwerg des Vaters und schickt ihn mit einer befreundeten Stewardess auf Reisen. Die Stewardess fotografiert den Gartenzwerg vor dem Eifelturm, bei den Pyramiden, in New York und überall auf der Welt und schickt Amélies Vater die Fotografien. Der Vater ist verblüfft, erstaunt, kommt ein wenig aus seiner Alltagslethargie heraus – und macht schließlich noch die Weltreise, von der er heimlich immer geträumt hat. Romantiker schaffen eben auch Realitäten.

Die private Realistin muss hier nicht ausführlich beschrieben werden, denn sie begegnet uns heutzutage allerorten. Unsere Zeit hat wenig übrig für Romantik, und auch unter den Frauen dominieren die praktisch denkenden – die gut organisierten Hausfrauen, die ambitionierten Politikerinnen, die taffen Businessfrauen können nicht so leicht umschalten und ganz privat plötzlich Träumen nachhängen.

Oder doch? Wie blicken Sie in die Welt? Haben Sie sich das Staunen bewahrt? Können Sie sich noch freuen an einem Sonnenuntergang, einem Blatt im Wind, dem Gesang eines Vogels?

ÜBUNG

Positionierung der inneren Realistin oder Romantikerin für Ihre private »Marke Frau«

1. Welche Filme mögen Sie am liebsten?

Realistin

- o Der Soldat James Ryan
- o Letzte Ausfahrt Brooklyn
- o Die Akte Jane
- o Lola rennt
- o Matrix
- o Dead Man Walking

Romantikerin

- o Jenseits von Afrika
- o Pretty Woman
- o Amélie
- o Schlaflos in Seattle
- o Stadt der Engel
- o Message in a bottle

2. Wo stehen Sie gerade?

Bitte tragen Sie hier eine Markierung ein, wie Sie sich in Ihrem privaten Leben einschätzen.

Realistin	**Romantikerin**
Die Welt sehend, wie sie ist	Die Welt erfindend, wie sie sein sollte

3. Wie nehmen Sie sich selbst wahr?

Bitte beantworten Sie folgende Fragen:

a) Neigen Sie dazu, sich selbst ab und zu etwas vorzumachen und sich die Dinge oder die Menschen um sich herum schönzureden?

____

b) Als wie realistisch werden Sie von Freunden, Ihrem Partner eingeschätzt?

____

____

c) Beschäftigen Sie sich lieber mit Träumen oder mit Tatsachen?

____

____

d) Lesen Sie lieber Romane oder Tatsachenberichte?

____

____

e) Wünschen Sie sich manchmal, dass das Leben bunter, liebenswerter, schöner wäre?

____

____

Die Bedeutung der inneren Realistin oder Romantikerin für Ihre geschäftliche »Marke Frau«

Wie erfolgreich ist eine Romantikerin, wie erfolgreich eine Realistin in ihrem Beruf? Hier sollten Sie genau überlegen, wie Sie sich positionieren. Während einer Schauspielerin, Sängerin, Schriftstellerin, Ballerina oder anderen Künstlerin das Image der Romantikerin gut steht und sie nach vorne bringt, ist in der Wirtschaft eher die Realistin gefragt. Frauen, die zu romantisch in die Welt schauen, sich weigern, Realitäten anzuerkennen, werden von Männern zwar durchaus als attraktiv empfunden, aber nicht unbedingt in eine leitende Position befördert.

Eine Realistin, wie sie im Buche steht, ist Margaret Thatcher, die mit eiserner Hand Großbritannien in die Moderne geführt und reif für die Globalisierung gemacht hat – und dabei alle sozialromantischen Träume ihrer Landsleute begraben hat.

Marilyn Monroe – durch und durch Romantikerin

Eine beruflich zwar erfolgreiche, am Ende dann aber doch gescheiterte Romantikerin war Marilyn Monroe. Durch ihre Art, das Leben zu sehen, und ihre unendliche Sehnsucht nach Liebe, Beständigkeit und Nähe, gewann sie diese Ausstrahlung, die sie so einzigartig und überirdisch gemacht hat. Sie ging romantisch durch die Welt, und da ihr der realistische Blick fehlte, wurde sie immer wieder enttäuscht. Wie bei vielen großen Stars verhalf ihr das private Unglück zur beruflichen Unsterblichkeit. Sie war auf eine einzigartige Weise weltfremd und blendete die Realität aus: Als sie einmal von einer Reise nach Hause kam, hatte ihr Gärtner einige Blumen abgeschnitten. Sie war darüber so entsetzt, dass sie die Blumen nahm und sie wieder in die Erde steckte – sie glaubte wirklich, sie würden dann wieder wachsen. Und da wir ausstrahlen, was in uns ist, sahen die Menschen in ihr diese naive Frau, die jede noch so abgestorbene Blüte wieder zum Leben erwecken konnte – alleine durch ihren Glauben. Das liebten Männer und Frauen an ihr: ihre Natürlichkeit und ihre Fähigkeit, sich verwundbar zu zeigen – die naive Weltsicht eines kleinen Mädchens im Körper einer erwachsenen, erotischen Frau.

Positionierung der inneren Realistin oder Romantikerin für Ihre geschäftliche »Marke Frau«

ÜBUNG

1. Welche Aussagen treffen in Ihren Beruf eher auf Sie zu?

Realistin

- Ich sehe meinen Job objektiv, so wie er ist.
- Manche Gegebenheiten sind nicht so, wie ich sie mir wünsche, aber ich akzeptiere es, wie es ist.

Romantikerin

- Manchmal träume ich mir die Realität zurecht.
- Alles ist schön und rosarot, wenn ich nur daran glaube, wird alles gut.

2. Wo stehen Sie gerade beruflich?

Bitte tragen Sie hier eine Markierung ein, wie Sie sich in Ihrem Geschäftsleben einschätzen.

Realistin	**Romantikerin**
Die Welt sehend, wie sie ist	Die Welt erfindend, wie sie sein sollte

3. Was wird in Ihrem Umfeld mehr geschätzt?

Realistin	**Romantikerin**
Die Welt sehend, wie sie ist	Die Welt erfindend, wie sie sein sollte

4. Stimmen die beiden Positionen überein?

Ja ○ Nein ○

5. Wenn 4. mit Nein beantwortet wurde, was werden Sie zukünftig anders machen?

___

___

___

Die Optimistin und die Pessimistin

Wer kennt sie nicht, die ewigen Optimisten und die ewigen Pessimisten! Ist das Glas halb voll oder halb leer? Sehen Sie das, was geht, oder das, was schwierig und eventuell nicht durchführbar ist? Diese Positionierung ist die einzige der Polaritäten, in der ich ganz klar Stellung beziehen möchte: für die Optimistin. Optimismus oder Pessimismus ist etwas, das den ganzen Menschen ausmacht, es lässt sich schlecht in Lebensbereiche unterscheiden. Deswegen bezieht sich die nachfolgende Selbsteinschätzung auf Privat- und Geschäftsleben. Hier können Sie prüfen, ob sich dunkler Pessimismus oder gar Zynismus in Ihr Leben geschlichen hat. Sollte das der Fall sein, wird es Zeit, mit ein paar Zauberfragen wieder Licht hereinzulassen. Hilfreiche Fragen sind zum Beispiel:

Den Pessimismus verscheuchen

- »Was ist das Gute an der Situation?«
- »Was gibt es zu lernen?«
- »Wie mache ich das Beste aus dem Bestehenden?«

Den optimistischen Frauen gehört die Welt, den pessimistischen der Zweifel.

Unsere Berufswelt braucht Optimisten, die mit der Einstellung »es geht« in die Welt gehen. Die Bedenkenträger bremsen alles – vor allem sich selbst.

Die Optimistin muss nicht heiter sein

Die Optimistin und die Pessimistin sind nicht zu verwechseln mit der Melancholikerin und der Heiteren, die anschließend beschrieben werden. Optimismus oder Pessimismus meint die innere Einstellung und Haltung, mit der wir dem Leben begegnen. Es meint die Kraft der Gedanken und der inneren Glaubenssätze und Überzeugungen, die unsere sich selbst erfüllenden Prophezeiungen bilden. Der Mensch ist so veranlagt, dass er immer Recht behalten will. Wenn jemand glaubt, er schaffe es, wird er es voraussichtlich schaffen, genauso wie ein anderer, der meint, er habe keine Chance, dies am Ende bestätigt bekommt. Darin wird deutlich, wie wichtig die innere Einstellung beim Herangehen an eine Aufgabe oder ein Problem ist. Melancholie oder Heiterkeit meint dagegen die seelische Grundstimmung. Es gibt daher durchaus auch die melancholische Optimistin.

Finden Sie für sich diese Feinheiten heraus, und Sie werden für sich selbst klarer und für Ihre Umwelt charismatischer. Also ganz ehrlich, wie schätzen Sie sich ein – und wie würde Ihr Umfeld Sie sehen?

ÜBUNG

Positionierung der inneren Optimistin oder Pessimistin für Ihre private und Ihre geschäftliche »Marke Frau«

1. Welche dieser Extremaussagen entspricht Ihnen eher?

Optimistin

- o Das Leben ist schön.
- o Ich liebe meinen Beruf.
- o Das meiste, was ich beginne, gelingt mir.
- o Ich trage die Verantwortung für mein Leben.

Pessimistin

- o Das Leben ist schrecklich.
- o Ich hasse meinen Beruf.
- o Bei mir geht immer alles schief.
- o Die anderen sind schuld.

2. Wo stehen Sie gerade heute in Ihrer Sicht auf die Welt?

Optimistin **Pessimistin**

optimistisch – fröhlich – zuversichtlich – hoffend – skeptisch – zweifelnd – pessimistisch

3. Denken Sie einmal an Ihre Kindheit und Jugendzeit zurück. Wie optimistisch waren (sind) Sie …

… in der frühen Kindheit (Kindergarten)?

____

… in der Schulzeit?

____

… in der Ausbildungs- / Studienzeit?

… heute in Ihrem Beruf?

5. Was hat sich verändert, was ist gleich geblieben?

6. Wie sollte es sein, und was werden Sie tun, damit es so wird, wie es sein soll?

Die Melancholikerin und die Heitere

Bei den nun folgenden Sekundärpositionierungen werden wir nicht ganz so ausführlich vorgehen. Unterscheiden Sie aber auch hier deutlich zwischen Ihrer privaten und Ihrer geschäftlichen »Marke Frau«.

Die Melancholikerin – tiefsinnig und schwermütig

Der Inbegriff der Melancholikerin ist wohl Maria Callas. Niemand konnte wie sie Leid und Schmerz in die Kunst der Stimme legen. Wer ihre Arien hört, den erfasst der Schauer ihres Weltschmerzes. Sie hätte nicht so singen können, wenn sie nicht so gelitten hätte. Aber vielleicht hätte sie auch nicht so gelitten, hätte sie nicht so singen können. Es ist ein Kreislauf, das eine bewirkt das andere – und beides zusammen macht den Charakter aus. Die Melancholikerin ist in der Lage, tief zu empfinden, dem eigenen Schmerz zu folgen, statt ihm auszuweichen, und darin auch ihre Entwicklung zu finden. Sei es in der Kunst – die wenigsten großen Künstlerinnen und Künstler waren heitere Menschen – oder sei es für die Reifung der Persönlichkeit.

Die Heitere – unkompliziert, aber oberflächlich

Die Heitere hingegen schafft es, einen leichteren Weg zu gehen. Es ist nicht ihre Bestimmung, in die Tiefen hinabzusteigen, und so ist ihr Schicksal meist leichter. Sie macht andere Erfahrungen und sie erscheint uns lockerer, fröhlicher; bisweilen auch ein wenig oberflächlich. Nehmen wir hier zum Beispiel Julia Roberts in *Pretty Woman*. Sie geht unbekümmert durchs Leben und hinterfragt wenig. Sie genießt, was ist, und akzeptiert, was nicht ist. Diese heitere Frau kommt bei vielen Menschen besser an, ist meist beliebter als die Melancholikerin, weil sie uns nicht so sehr ins Grübeln bringt. Denn wer möchte schon immer nach dem tieferen Sinn seines Lebens gefragt und daran erinnert werden, dass er vielleicht doch ein bisschen zu wenig über sich und das große Ganze nachdenkt?

ÜBUNG

Positionierung der inneren Melancholikerin oder Heiteren für Ihre private »Marke Frau«

Melancholikerin — **Heitere**

Den tiefen Sinn suchend – vieles infrage stellend – dem leichteren Leben zugetan – die Dinge nehmend, wie sie sind

Positionierung der inneren Melancholikerin oder Heiteren für Ihre geschäftliche »Marke Frau«

Melancholikerin — **Heitere**

Den tiefen Sinn suchend – vieles infrage stellend – dem leichteren Leben zugetan – die Dinge nehmend, wie sie sind

Die Hedonistin und die Tugendsame

Begeben wir uns in das Hollywood der 50er-Jahre. Ohne zu wissen, wie Doris Day und Marlene Dietrich in ihrem tatsächlichen Leben waren, finden wir in den Filmrollen von Doris Day die Tugendsame schlechthin und in Marlene Dietrich eine Hedonistin, die nicht zu übertreffen ist.

Doris Day – *die* Tugendsame

Doris Day galt als Miss Saubermann einer ganzen Nation. Sie machte niemals eine schlüpfrige Bemerkung, niemals eine zweideutige Geste, war für das Gute im Leben, die Moral und die anderen da – und dabei immer politisch korrekt. Sie brachte in jedem ihrer Filme die Männer auf die richtige Spur und landete am Ende meistens als brave Ehefrau bei Rock Hudson. Kein Wunder, dass er sich bei so viel Vorbildfunktion in der weiblichen Welt doch lieber für die männliche entschieden hat.

Marlene Dietrich – *die* Hedonistin

Das Gegenteil in jeder Hinsicht: Marlene Dietrich als egozentrische Hedonistin. Sie hatte in einem minimalistischen Stil ihre Marke gefunden, bewies mit jeder noch so kleinen Geste, dass sie die gesamte Situation im Griff hatte. Sie gab sich frivol, warf sich aber niemals weg. Wer heute bewundernd auf Sharon Stone schaut, die mit 47 die erotische Psychopathin in *Basic Instinct 2* spielt und die neue Jugend der Frau über 40 verkörpert, sehe sich Marlene Dietrich in *Zeugin der Anklage* an. Sie war zu diesem Zeitpunkt 56! Ihre grandiose Aura und ihre Androgynität waren zeitlos erotisch, ihr Blick herausfordernd, sie bat niemals um etwas, sondern nahm sich, was sie haben wollte. Sie war selbstbewusst ohne viele Worte und Taten. Wenn sie eine Szene betrat, gehörte sie ihr.

Die Werbewelt unterscheidet heute in ihren Botschaften sehr stark die Zielgruppe der Hedonisten von derjenigen der Tugendsamen. Während die Tugendsamen nur konsumieren, was sie brauchen, und dabei auf den Preis achten, konsumieren die Hedonisten zum Vergnügen und um anderen zu imponieren. Beispiele hedonistischer Werbung sind:

- *»Folge deinem Stern«* MERCEDES
- *»Weil ich es mir wert bin«* L'OREAL

Um hier die richtige Positionierung für Ihr berufliches Umfeld zu finden, ist entscheidend, welches Image die Firma hat, in der Sie Karriere machen möchten. Um voranzukommen, müssen Sie dazupassen, ein Aushängeschild sein, die glanzvollste Visitenkarte sein, die Ihr Unternehmen nur haben kann. Im Privatleben sind Sie dagegen frei, sich zu geben, wie es Ihnen gefällt.

ÜBUNG

Positionierung der inneren Hedonistin oder Tugendsamen für Ihre private »Marke Frau«

Hedonistin	**Tugendsame**
Den lustbetonten, egozentrierten Bedürfnissen folgend	Den korrekten, moralischen, gemeinschaftl. Bedürfnissen folgend

Positionierung der inneren Hedonistin oder Tugendsamen für Ihre geschäftliche »Marke Frau«

Hedonistin	**Tugendsame**
Den lustbetonten, egozentrierten Bedürfnissen folgend	Den korrekten, moralischen, gemeinschaftl. Bedürfnissen folgend

Die Idealistin und die Pragmatikerin

Idealistin und Pragmatikerin entsprechen nicht 1:1 Romantikerin und Realistin, wie sie weiter oben beschrieben werden. Zwar ist die Pragmatikerin realistisch und die Idealistin romantisch, jedoch gilt dies nicht zwingend umgekehrt. Realistin und Romantikerin zeigen sich in erster Linie in ihrem Denken und Fühlen, Idealistin und Pragmatikerin in ihrem Handeln. Die Idealistin und die Pragmatikerin finden wir in einem der größten Filmklassiker aller Zeiten: *Vom Winde verweht*. Erinnern Sie sich an Vivien Leigh als Scarlett O'Hara, die temperamentvolle Südstaatenschönheit, die mit unendlicher Kraft und Energie immer sieht, was machbar ist, sich niemals Illusionen hingibt und dann, wenn es zu viel wird, zu sich selbst sagt: »Verschieben wir es doch auf morgen«?

Scarlett – *die* Pragmatikerin

Betrachten wir eine Szene, in der Scarlett sich die Erlaubnis gibt für all das, was sie im Laufe des Films tun wird: Sie kommt nach Kriegsende in ihre Heimat zurück und findet ihr geliebtes »Tara« völlig verwüstet vor. Die Szene, in der sie auf das Feld hinausgeht, ist blutrot ausgeleuchtet. Sie kniet sich auf den Boden, greift in die Erde und schwört für sich – eine Faust zum Himmel erhoben –, dass es besser werden wird – mit den Worten: *»Gott ist mein Zeuge, ich lass mich nicht unterkriegen, ich will es überstehen, und wenn es vorüber ist, dann will ich nie wieder hungern, weder ich noch die meinen, müsst ich auch stehlen, lügen und sogar töten, ich schwöre bei Gott, ich will nie wieder hungern.«* Und sie hält diesen Schwur und wird von diesem Augenblick an eine pragmatische und tatkräftige Frau. Sie heiratet den Verlobten ihrer Schwester mit einer List, damit sie ihr Land »Tara« retten kann. Sie verletzt sämtliche Normen, die sich für eine Frau der Südstaaten zu Zeiten des Bürgerkriegs ziemten, und verfolgt ihre Ziele willensstark, eigennützig und mit äußerstem Pragmatismus. Sie tut, was sie eben tun muss. Sie setzt ihre Kraft, ihren Verstand, ihre Tränen und ihren Körper ein, um zu bekommen, was sie will. Sie hat nur ein Ziel: das Land, das sie liebt, zu retten. Scarlett O'Hara ist eine pragmatische Kämpferin vor dem Herrn. Privat und beruflich setzt sie durch, was nur möglich ist, und es ist alles möglich, was sie sich vorstellen kann.

Melanie – *die* Idealistin

Scarletts Gegenbild ist ihre Cousine Melanie, die – ganz Idealistin – stets an das Gute im Menschen glaubt und nicht wahrhaben will, dass Scarlett ihren Mann Ashley liebt. Ashley Wilkes, selbst ein Träumer, heiratet die sanfte Melanie, obwohl Scarlett ihn so sehr begehrt und ihm das deutlich zeigt. Vermutlich fürchtet er diese starke Frau, der er in keiner Weise gewachsen ist. Er bleibt der einzige ihrer Wünsche, der nicht in Erfüllung geht. Hier haben wir wieder die erfolgreiche Frau, die alles bekommt, nur nicht diesen einen Mann, den sie sich vielleicht nur deshalb so sehr wünscht, weil er so anders ist als sie selbst.

Aber was wäre aus einer Scarlett O'Hara geworden, wenn sie den Langweiler Ashley geheiratet hätte? Häufig wünschen sich gerade starke und pragmatische Frauen einen Mann, der genau das Gegenteil von ihnen selbst ist, und verkennen dabei, dass so ein Mann sie weder verstehen kann noch jemals glücklich machen wird. Eine Scarlett O'Hara braucht einen Rhett Buttler, der ihr genauso Partner wie adäquater Gegner sein kann. Je pragmatischer und kraftvoller eine Frau ist, desto eher tut ihr ein Mann gut, der diese Power aushalten und sich ihr auch einmal in den Weg stellen kann.

Das Glück unerfüllter Träume

Was ist noch schlimmer als ein Traum, der sich nicht erfüllt? Ein Traum, der in Erfüllung geht! Denken Sie an dieser Stelle einmal zurück an den einen oder anderen Mann Ihrer Vergangenheit, den Sie gerne gehabt hätten und ihn, aus welchen Gründen auch immer, nicht bekommen haben. Seien Sie dankbar, dass Sie ihn nicht bekommen haben. Das Schicksal meint es meistens besser mit uns, als wir glauben. Aus so mancher ambitionierten Frau wäre nichts als eine verbitterte Hausfrau geworden, hätte sich ihre erste Liebe erfüllt. Und das wäre tragisch – viel tragischer, als es die unerfüllte Liebe jemals war.

Die Idealistin ist eine Frau, die sich weniger nach dem richtet, was möglich ist oder ihr gut tut, sondern großen Idealen nachstrebt. Sie möchte den Weltfrieden, das Glück für alle und jeden, und manchmal vergisst sie dabei ganz und gar sich selbst. Sie ist meist stiller und eher im sozialen Bereich als im Business zu finden. Welcher Typ sind Sie?

ÜBUNG

Positionierung der inneren Idealistin oder Pragmatikerin für Ihre private »Marke Frau«

Idealistin	**Pragmatikerin**
Der großen Idee folgend	Den eigenen Ideen und Möglichkeiten folgend

Positionierung der inneren Idealistin oder Pragmatikerin für Ihre geschäftliche »Marke Frau«

Idealistin	**Pragmatikerin**
Der großen Idee folgend	Den eigenen Ideen und Möglichkeiten folgend

Die Sinnliche und die Rationale

Die Sinnliche und die Rationale einerseits und die Emotionale und die Kognitive andererseits sind zwei Paare, die leicht verwechselt werden können. Ich mache hier deswegen eine Unterscheidung, weil tiefenpsychologisch völlig andere Wahrnehmungsmuster vorliegen. Es kann sehr nützlich sein, wenn man weiß, wie man selbst funktioniert.

Die Sinnliche muss nicht emotional sein

Eine sinnliche Frau nimmt im Gegensatz zu einer rationalen Frau das Leben mit ihren Sinnen wahr und versendet ihre Botschaften mit ihren Sinnen, nicht mit ihrem Verstand. Und so werden diese Frauen auch von außen gesehen als das, was sie selbst ausstrahlen, eben als sinnlich oder als rational. Emotional oder kognitiv hingegen werden Botschaften nicht aufgenommen, sondern verarbeitet. Die Emotionale geht mit dem, was sie erfährt, gefühlsmäßig um, die Kognitive durchdenkt die Informationen, die sie aufnimmt.

Der Inbegriff einer sinnlichen Frau ist Rita Hayworth in ihrer Rolle der Gilda. Die Art und Weise, wie sie hier Erotik erzeugt, indem sie lediglich einen Handschuh auszieht, ist nie wieder von einer Schauspielerin erreicht worden. Rationale Frauen können durchaus auch erotisch wirken – aber sie tun dies anders. Lauren Bacall ist hierfür ein Beispiel in dem Film *Haben und Nichthaben,* wo sie zu ihrem Filmpartner sagt: »Wenn Sie irgendwas von mir wollen, brauchen Sie nur zu pfeifen. Sie wissen, wie das geht, Steve? Sie drücken die Lippen aufeinander und blasen.« Die Art und Weise, wie sie dies mit dunkler, rauchiger Stimme sagt und wie sie dabei blickt, klingt wie eine Aufforderung zum Sex. Der Unterschied zwischen diesen beiden Figuren ist, dass die sinnliche Frau keine Worte, Erklärungen oder intellektuellen Anspielungen braucht, um zu wirken – Gilda verführt einfach jeden Mann –, während die Verführung der rationalen Frau eher über Wortwitz und Intellekt geht – und wahrscheinlich dem einen oder anderen Mann ein wenig Angst macht. Hier liegt die Hauptunterscheidung also darin, wie wir die Welt wahrnehmen und welche Signale wir versenden.

ÜBUNG **Positionierung der inneren Sinnlichen oder Rationalen für Ihre private »Marke Frau«**

Sinnliche	**Rationale**
Der Wahrnehmungsfähigkeit der Sinne folgend	Den Gesetzen der Logik folgend

Positionierung der inneren Sinnlichen oder Rationalen für Ihre geschäftliche »Marke Frau«

Sinnliche	**Rationale**
Der Wahrnehmungsfähigkeit der Sinne folgend	Den Gesetzen der Logik folgend

Die Emotionale und die Kognitive

Bei diesen Polaritäten geht es im Unterschied zur Sinnlichen und Rationalen nicht darum, wie die Welt wahrgenommen, sondern wie die Wahrnehmung innerlich verarbeitet wird. Reagiert eine Frau eher emotional, also gefühlvoll, oder kognitiv, also verstandesgemäß, auf die aufgenommenen Informationen?

Beispiele dafür geben Prinzessin Diana als hochgradig emotional handelnde Frau und ihre eher kognitive Schwiegermutter Königin Elisabeth. Vermutlich kann die Etikette eines Hofstaates nur leben, ohne gefühlsmäßig Schaden zu nehmen, wer eben nicht emotional, sondern stark kognitiv veranlagt ist. Während Diana schon einige Jahre tot ist, lebt Elisabeth noch immer und regiert mit kaltem Verstand die königliche Familie. Aber nicht nur am strengen englischen Königshof, auch in der modernen Geschäftswelt kommt weiter, wer seine Emotionen zu beherrschen weiß.

Positionierung der inneren Emotionalen oder Kognitiven für Ihre private »Marke Frau«

ÜBUNG

Emotionale **Kognitive**

warm, emotional – sensibel – spürend – balanciert – überlegend – strategisch – kühl, kognitiv

Positionierung der inneren Emotionalen oder Kognitiven für Ihre geschäftliche »Marke Frau«

Emotionale **Kognitive**

warm, emotional – sensibel – spürend – balanciert – überlegend – strategisch – kühl, kognitiv

Herzlichen Glückwunsch! Sie haben jetzt alle Positionierungen für sich gelöst. Bitte tragen Sie Ihre Ergebnisse in die folgenden Positionierungskreuze ein. Die Übersichten geben Ihnen dann ein deutliches Bild von Ihren einzelnen Positionen und Sie können im Anschluss mit den weiteren Fragen ganz spielerisch Ihr Image kreieren.

Viel Spaß bei der Positionierung auf den folgenden Seiten!

ÜBUNG

Die Positionierung Ihrer privaten »Marke Frau«

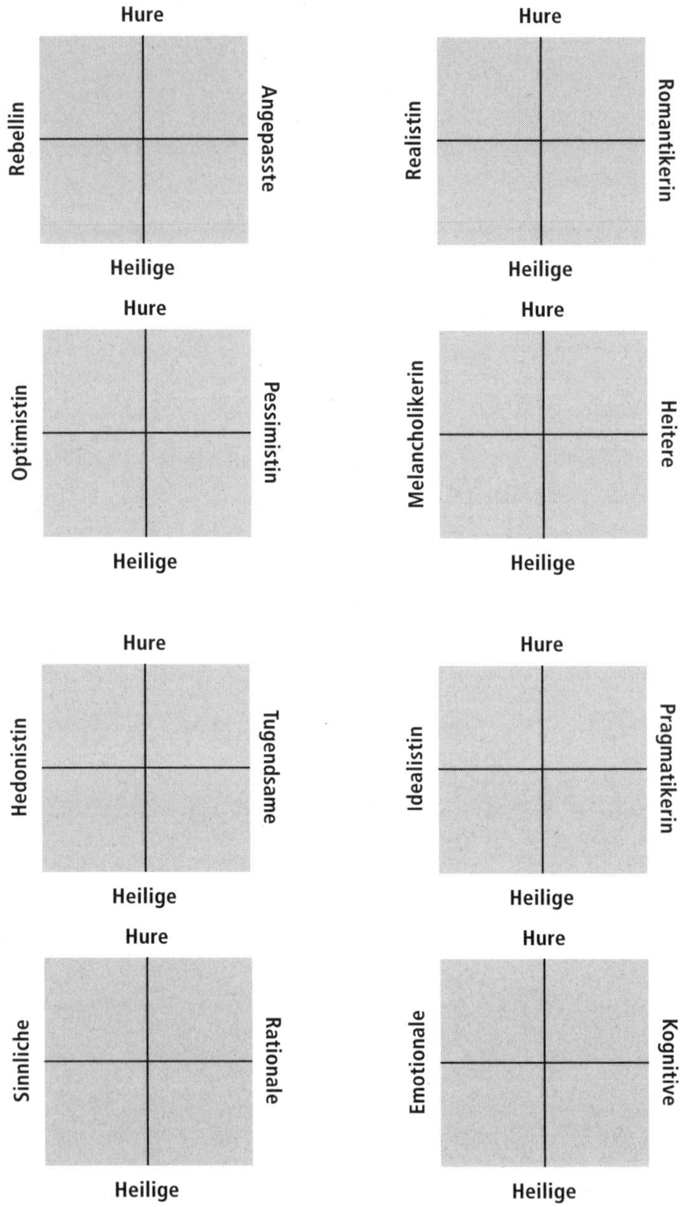

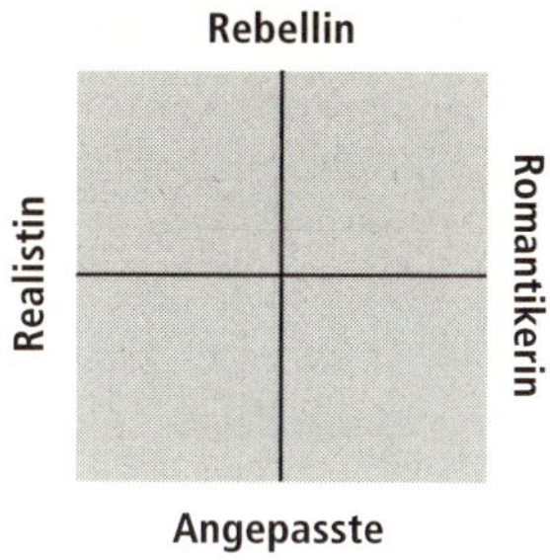
Rebellin
Realistin
Romantikerin
Angepasste

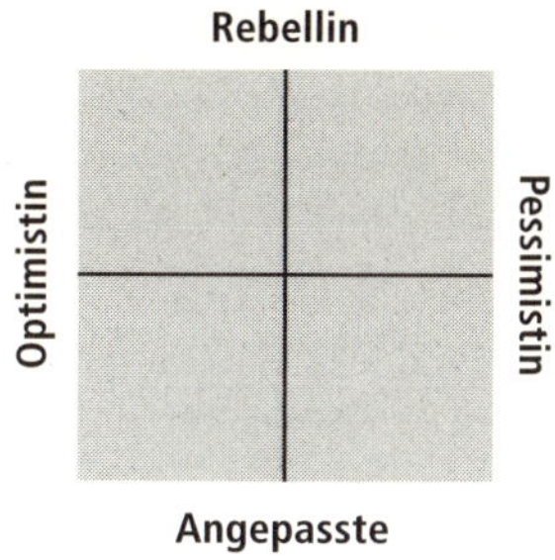
Rebellin
Optimistin
Pessimistin
Angepasste

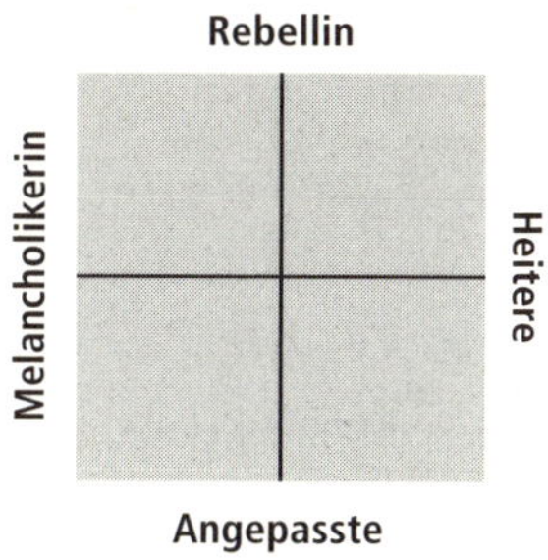
Rebellin
Melancholikerin
Heitere
Angepasste

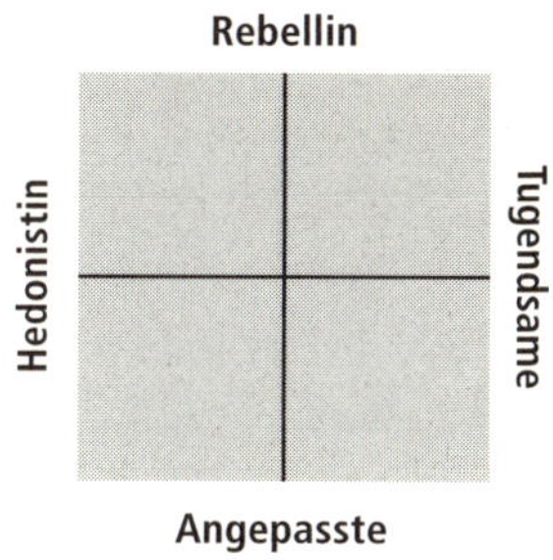
Rebellin
Hedonistin
Tugendsame
Angepasste

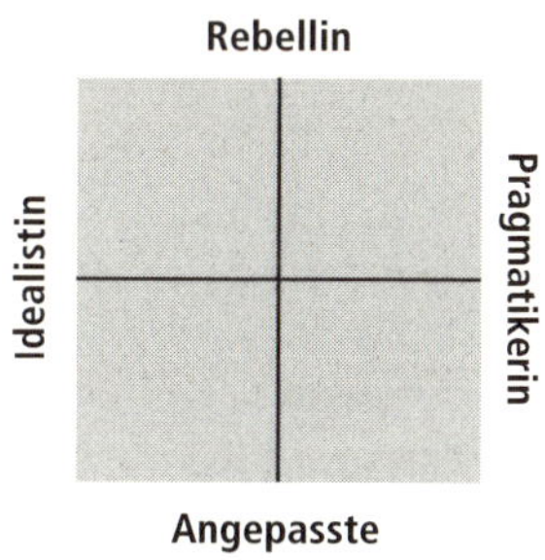
Rebellin
Idealistin
Pragmatikerin
Angepasste

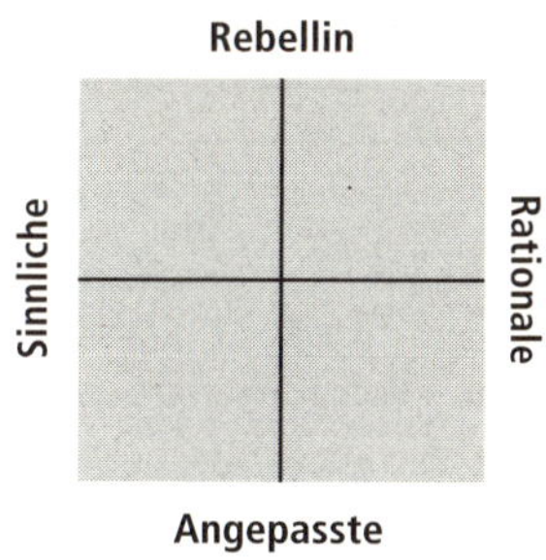
Rebellin
Sinnliche
Rationale
Angepasste

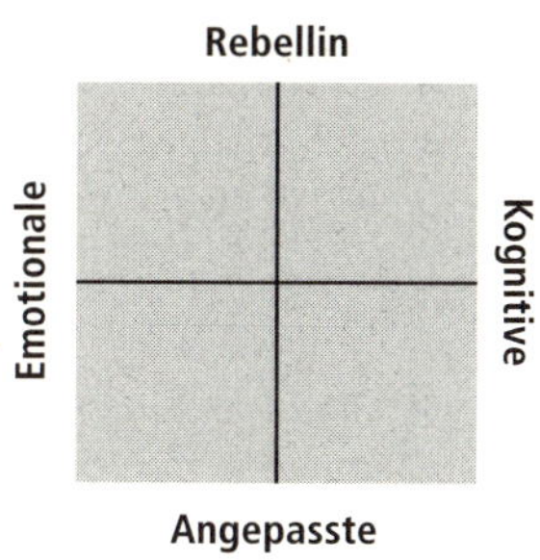
Rebellin
Emotionale
Kognitive
Angepasste

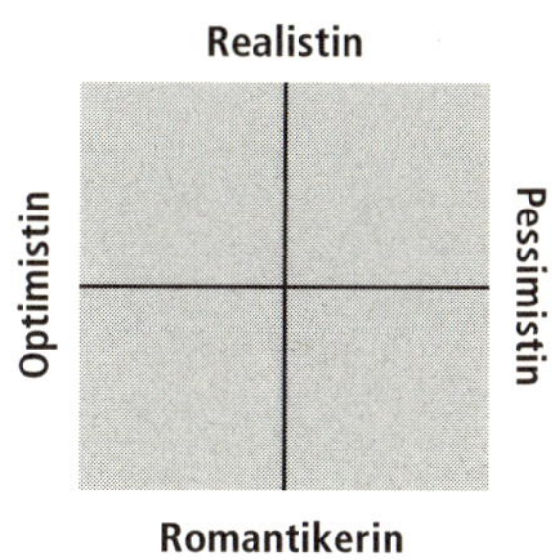
Realistin
Optimistin
Pessimistin
Romantikerin

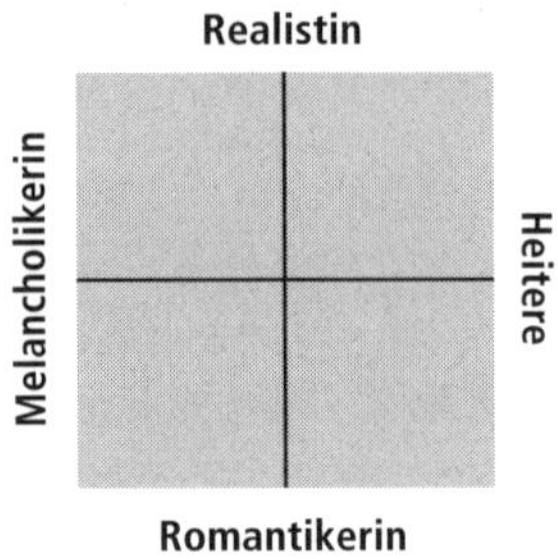
Realistin
Melancholikerin
Heitere
Romantikerin

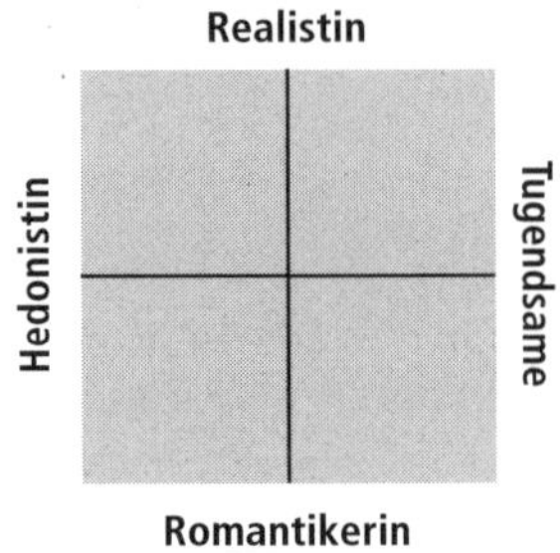
Realistin
Hedonistin
Tugendsame
Romantikerin

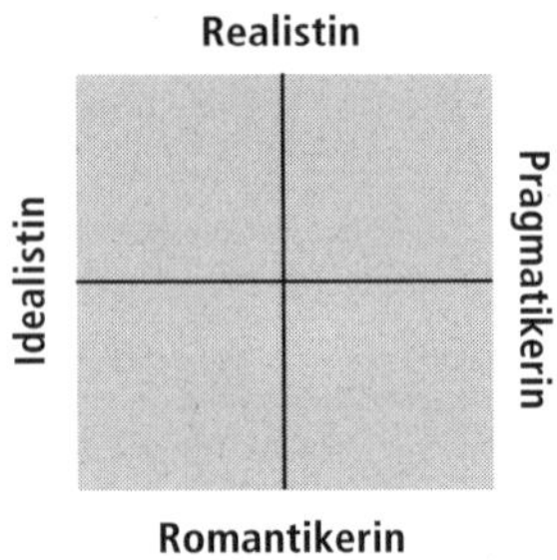
Realistin
Idealistin
Pragmatikerin
Romantikerin

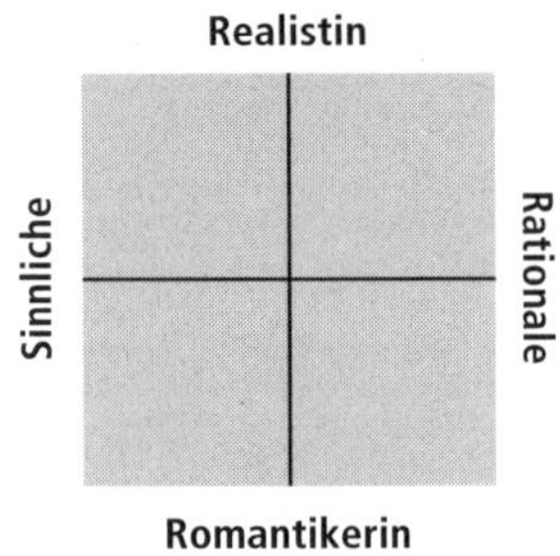
Realistin
Sinnliche
Rationale
Romantikerin

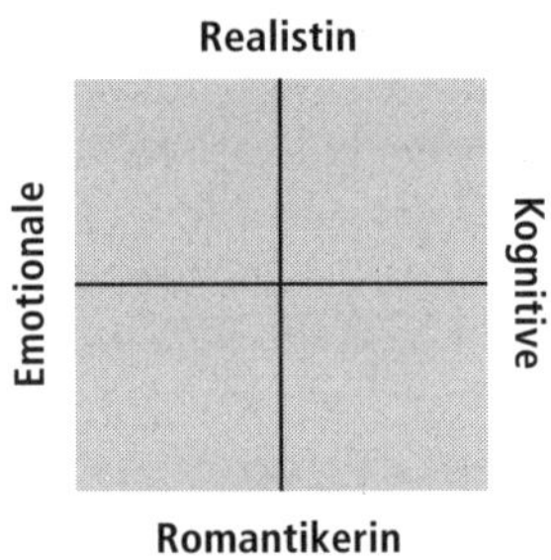
Realistin
Emotionale
Kognitive
Romantikerin

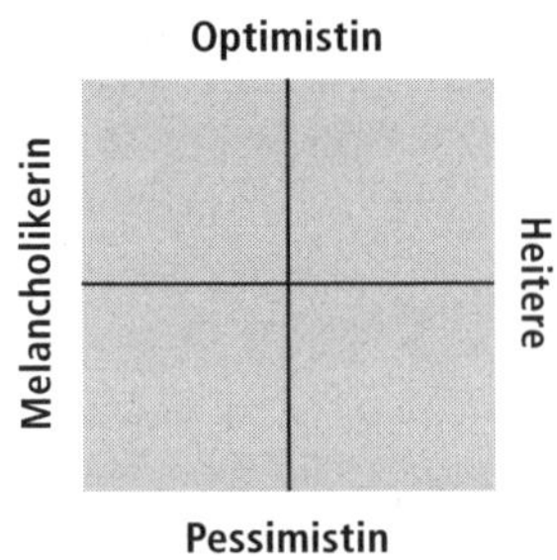
Optimistin
Melancholikerin
Heitere
Pessimistin

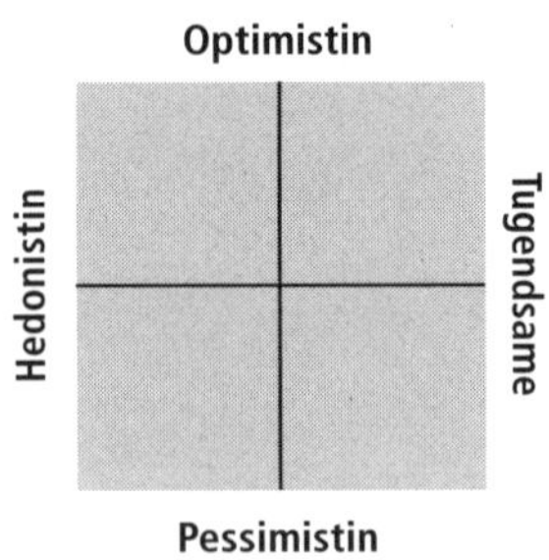
Optimistin
Hedonistin
Tugendsame
Pessimistin

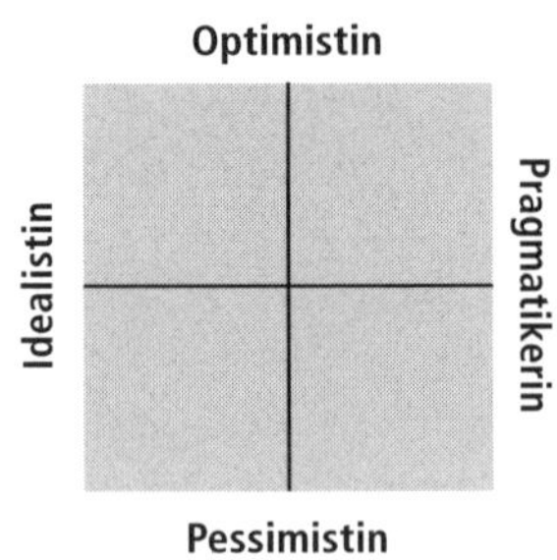
Optimistin
Idealistin
Pragmatikerin
Pessimistin

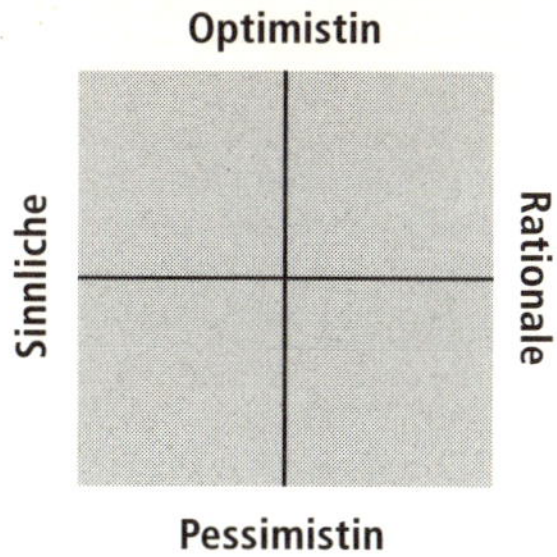
Optimistin
Sinnliche
Rationale
Pessimistin

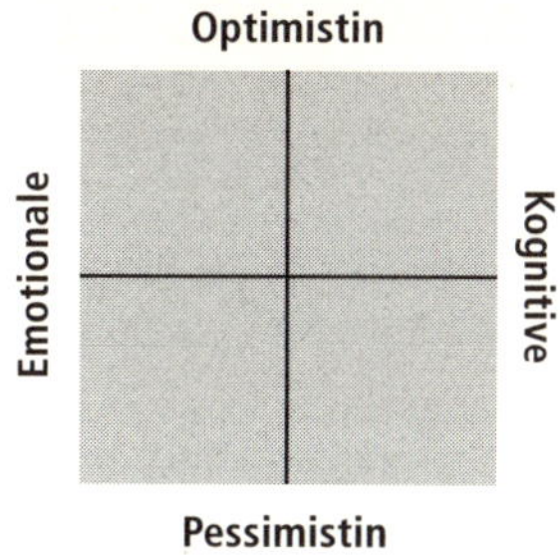
Optimistin
Emotionale
Kognitive
Pessimistin

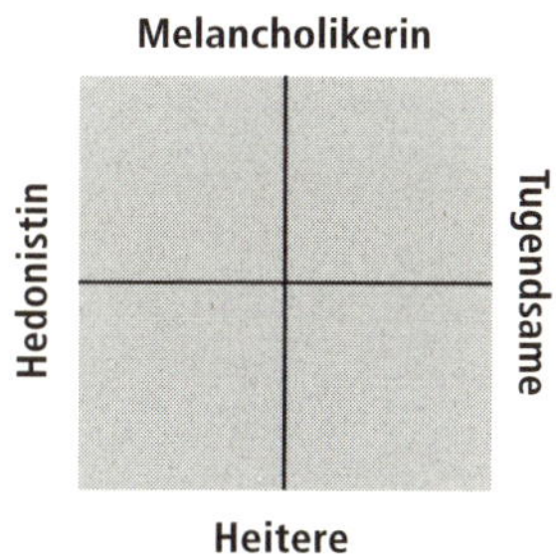
Melancholikerin
Hedonistin
Tugendsame
Heitere

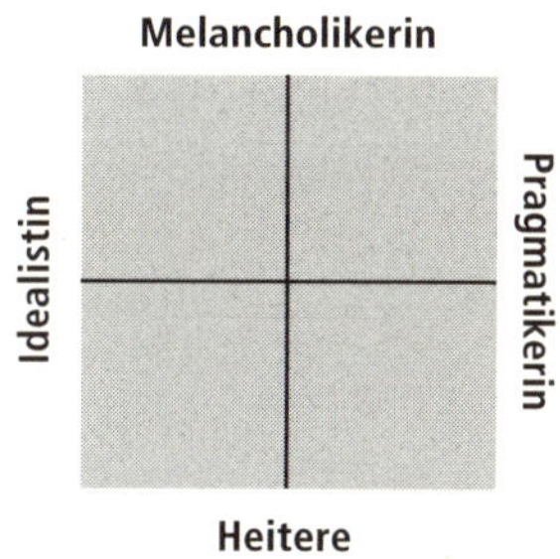
Melancholikerin
Idealistin
Pragmatikerin
Heitere

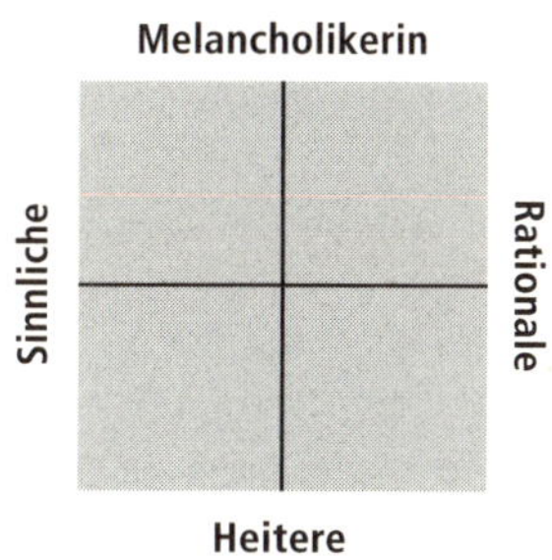
Melancholikerin
Sinnliche
Rationale
Heitere

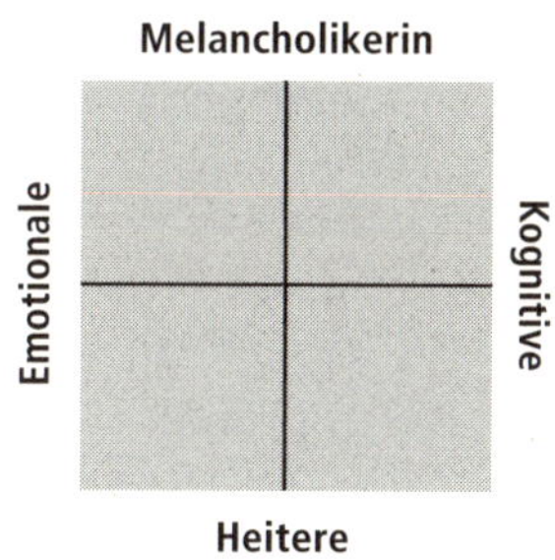
Melancholikerin
Emotionale
Kognitive
Heitere

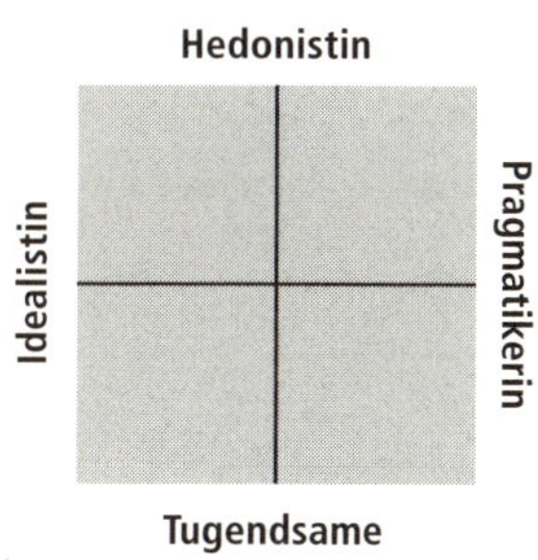
Hedonistin
Idealistin
Pragmatikerin
Tugendsame

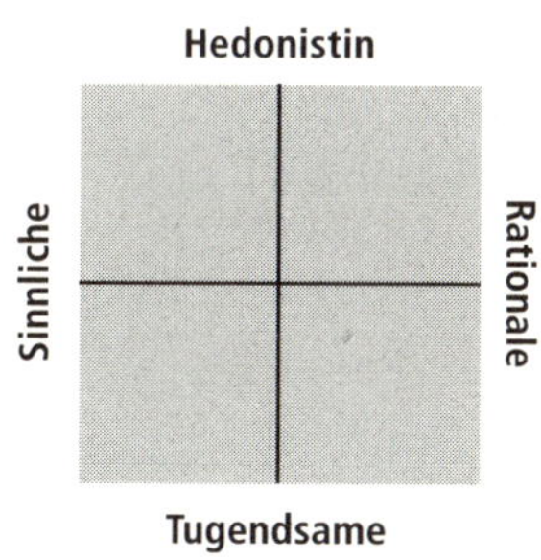
Hedonistin
Sinnliche
Rationale
Tugendsame

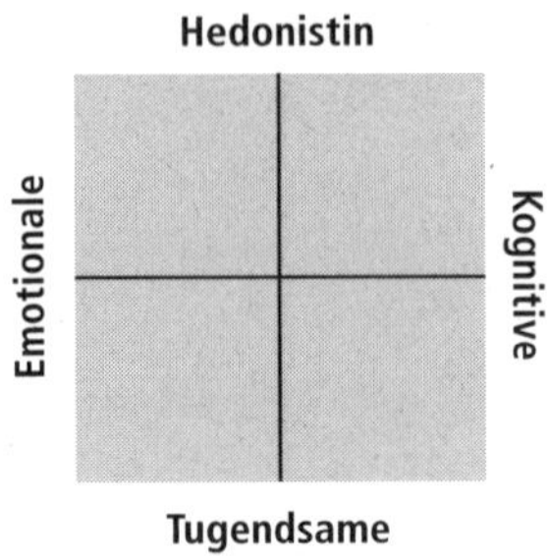

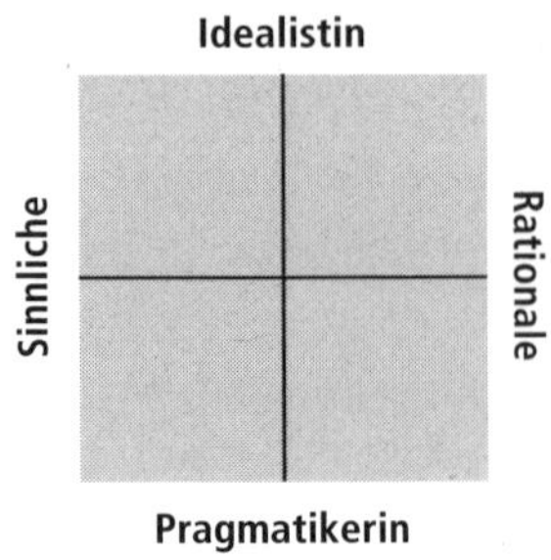

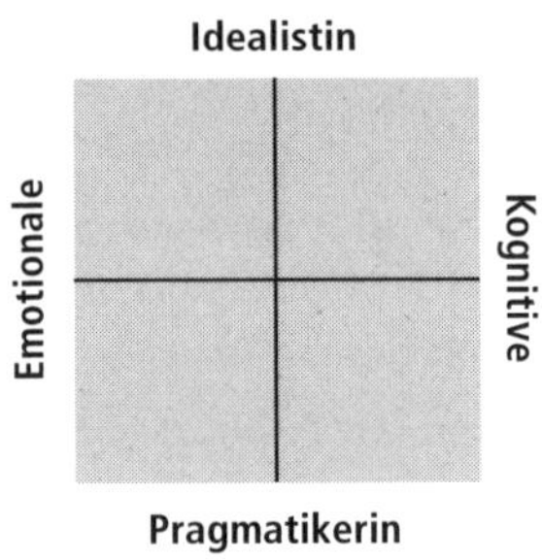

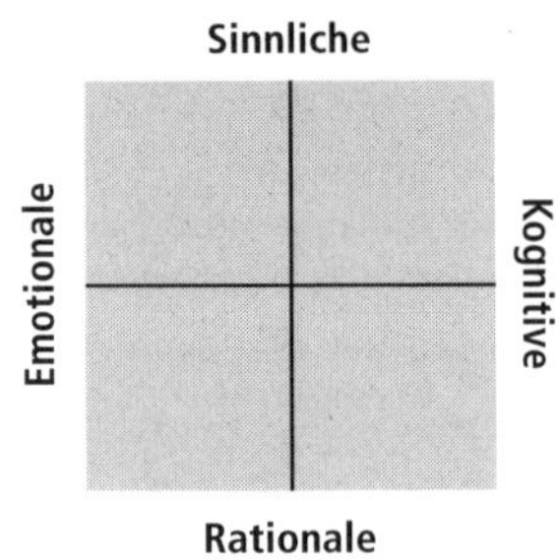

ÜBUNG

Die Positionierung Ihrer geschäftlichen »Marke Frau«

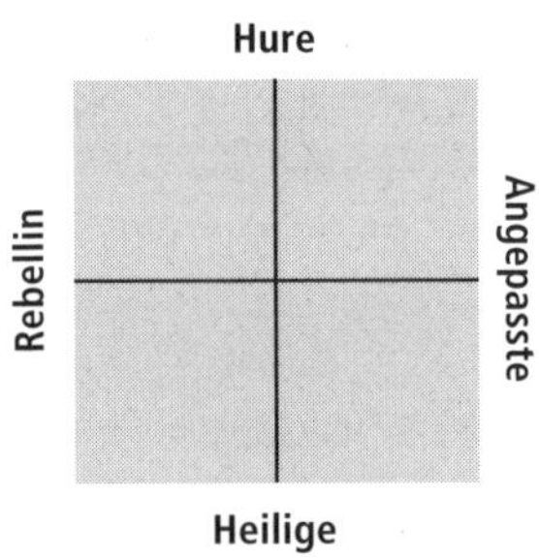

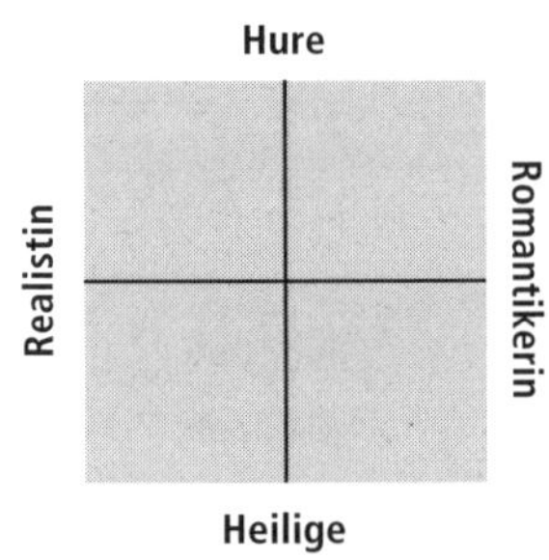

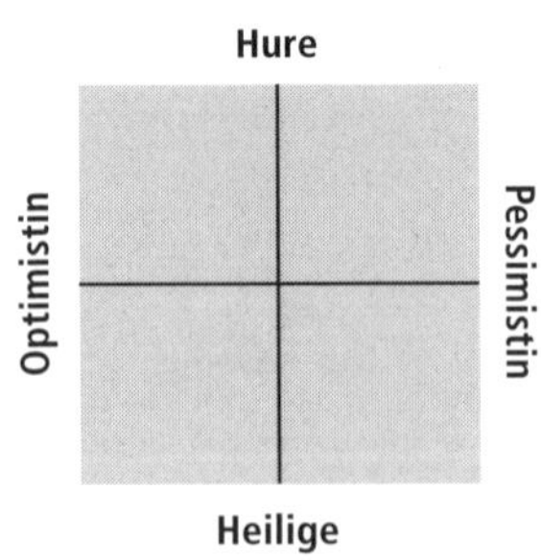

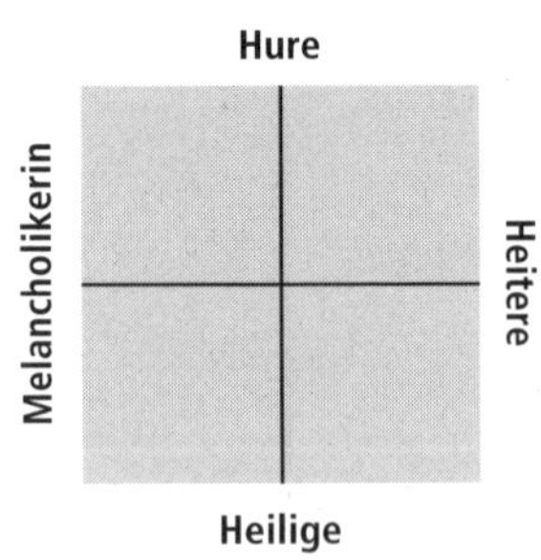

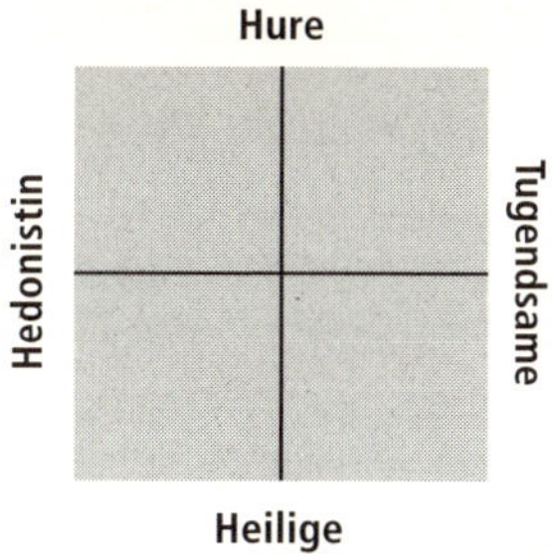
Hure
Hedonistin
Tugendsame
Heilige

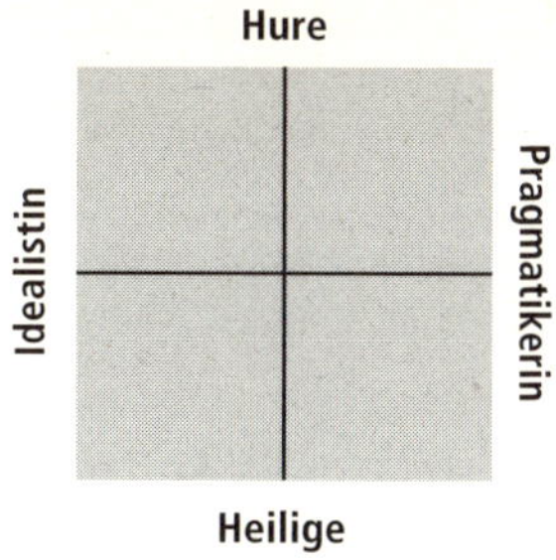
Hure
Idealistin
Pragmatikerin
Heilige

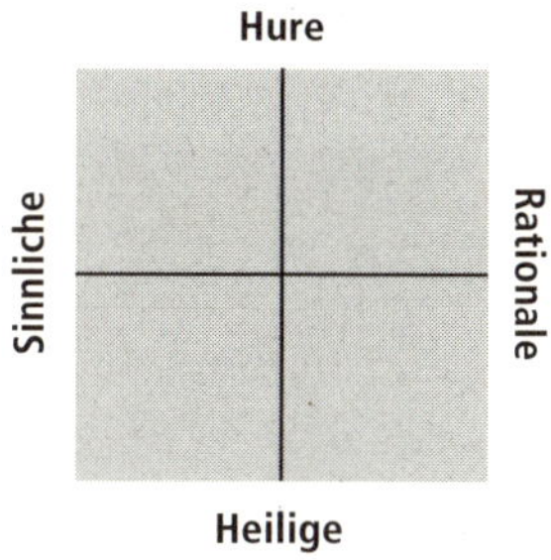
Hure
Sinnliche
Rationale
Heilige

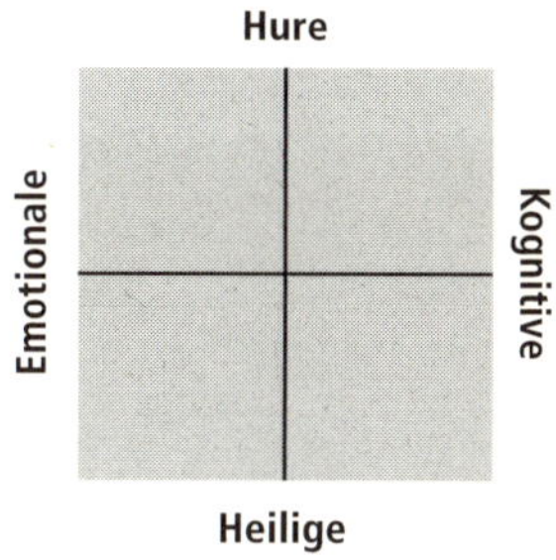
Hure
Emotionale
Kognitive
Heilige

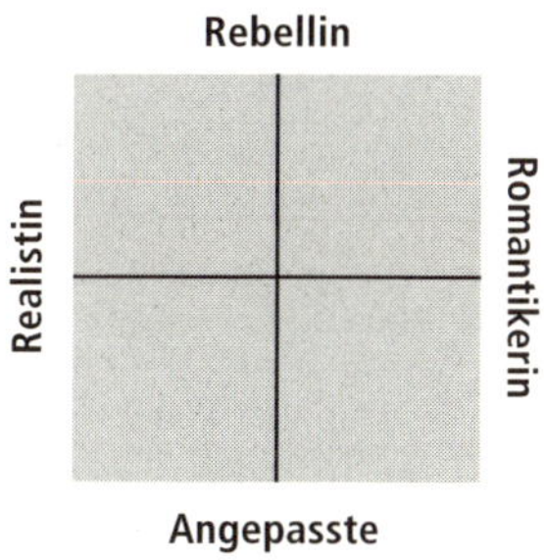
Rebellin
Realistin
Romantikerin
Angepasste

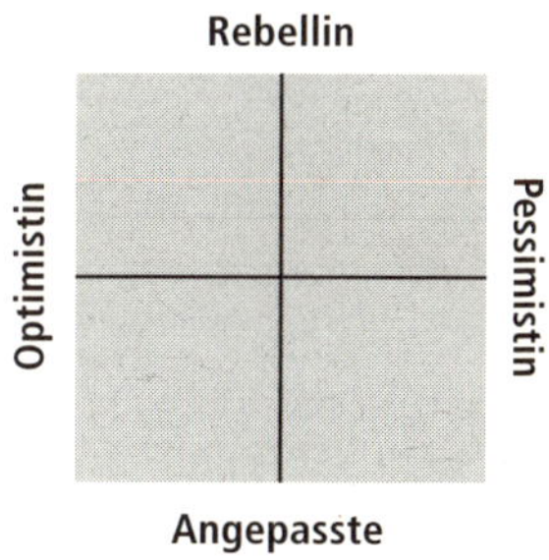
Rebellin
Optimistin
Pessimistin
Angepasste

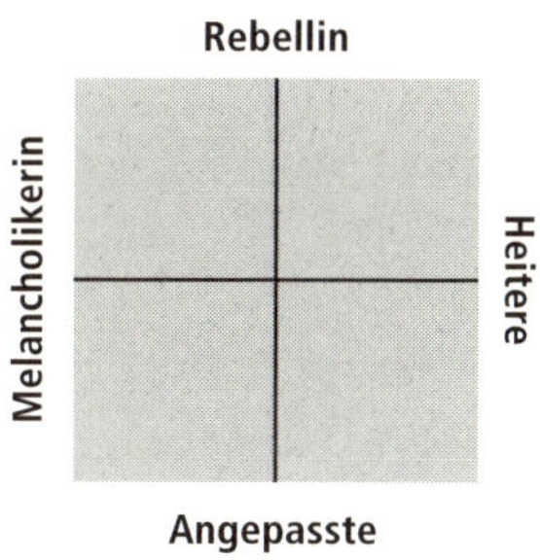
Rebellin
Melancholikerin
Heitere
Angepasste

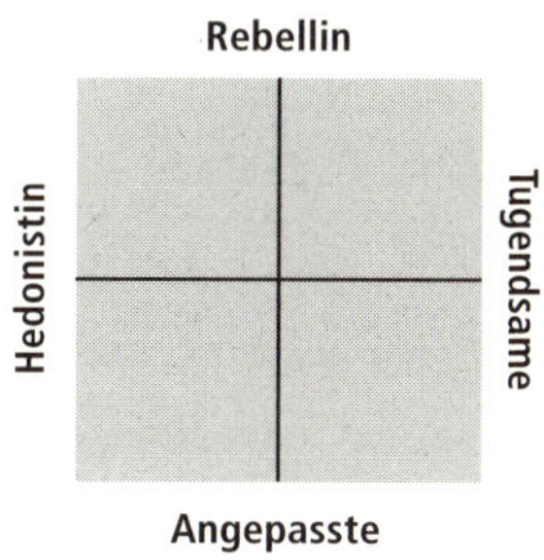
Rebellin
Hedonistin
Tugendsame
Angepasste

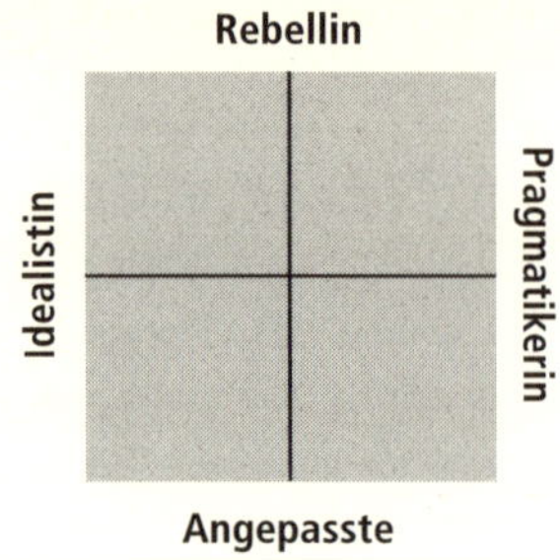
Rebellin
Idealistin
Pragmatikerin
Angepasste

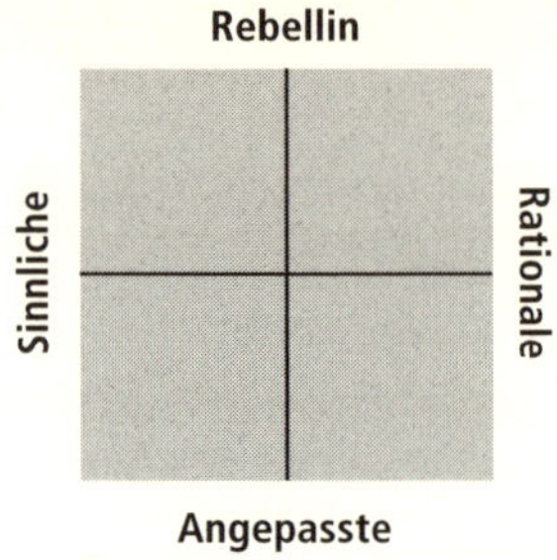
Rebellin
Sinnliche
Rationale
Angepasste

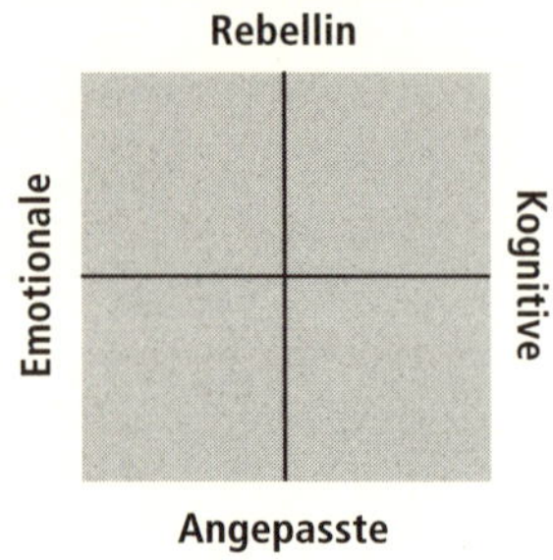
Rebellin
Emotionale
Kognitive
Angepasste

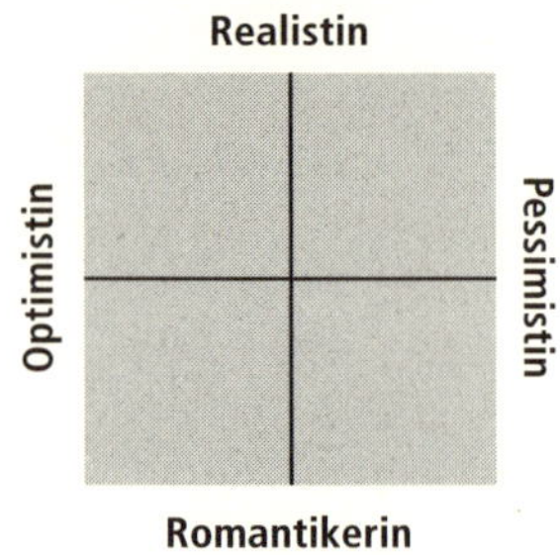
Realistin
Optimistin
Pessimistin
Romantikerin

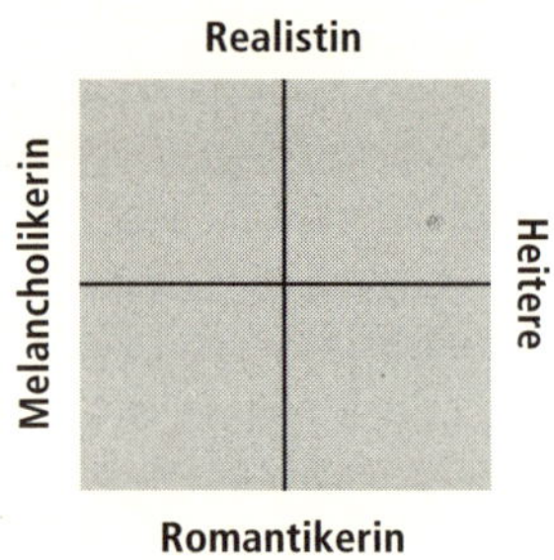
Realistin
Melancholikerin
Heitere
Romantikerin

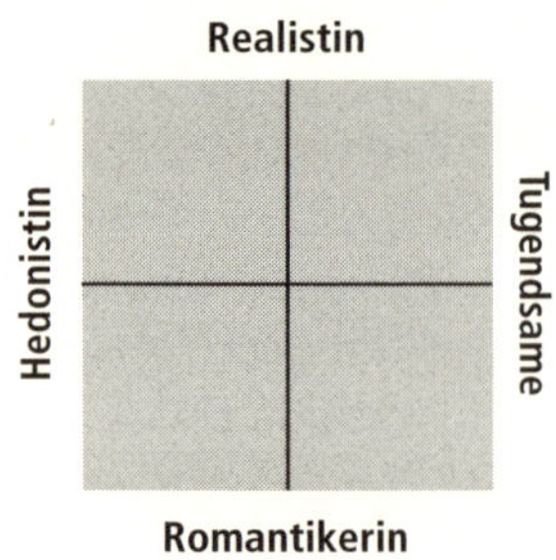
Realistin
Hedonistin
Tugendsame
Romantikerin

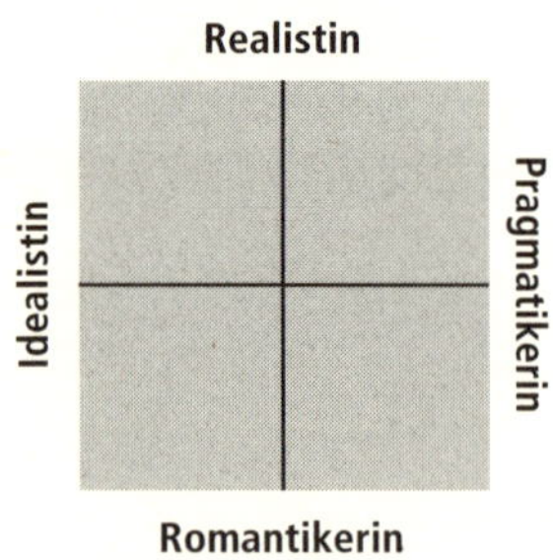
Realistin
Idealistin
Pragmatikerin
Romantikerin

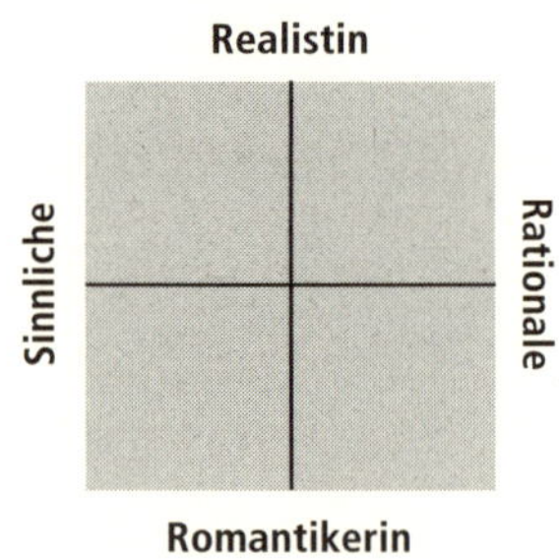
Realistin
Sinnliche
Rationale
Romantikerin

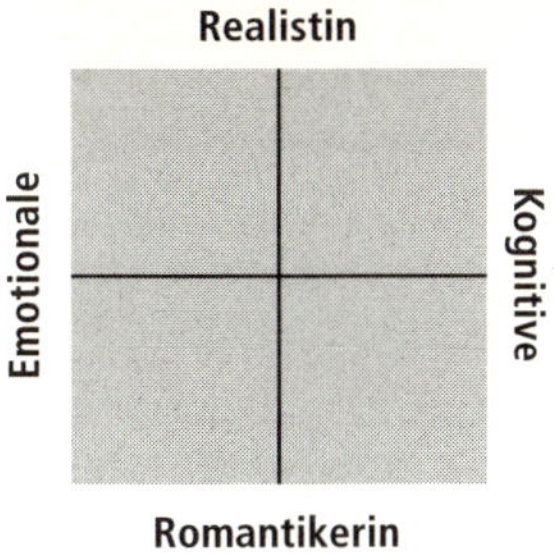
Realistin
Emotionale
Kognitive
Romantikerin

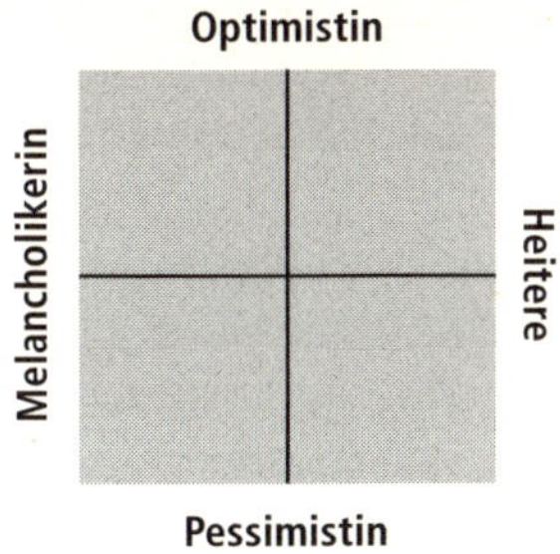
Optimistin
Melancholikerin
Heitere
Pessimistin

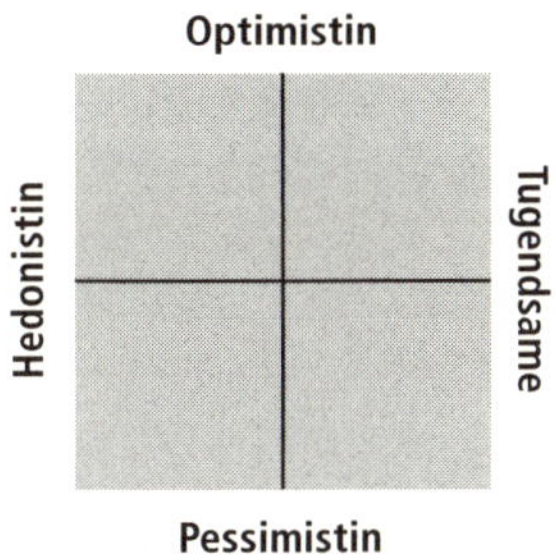
Optimistin
Hedonistin
Tugendsame
Pessimistin

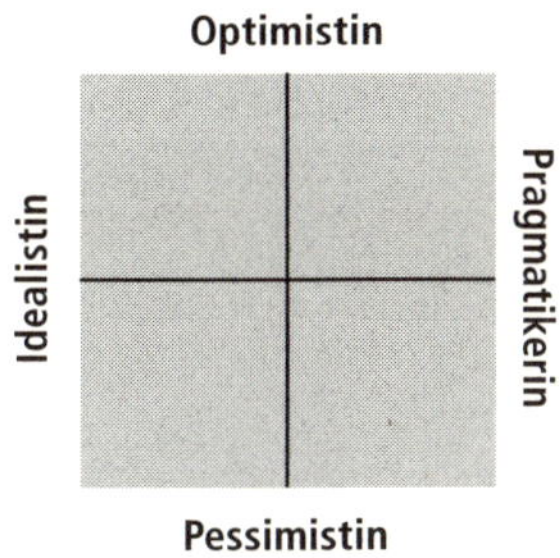
Optimistin
Idealistin
Pragmatikerin
Pessimistin

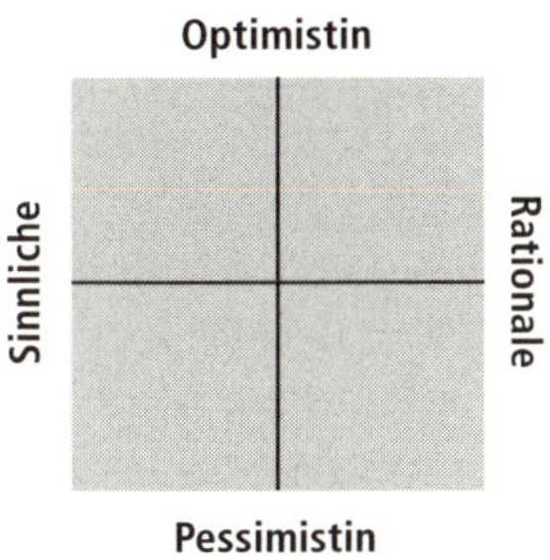
Optimistin
Sinnliche
Rationale
Pessimistin

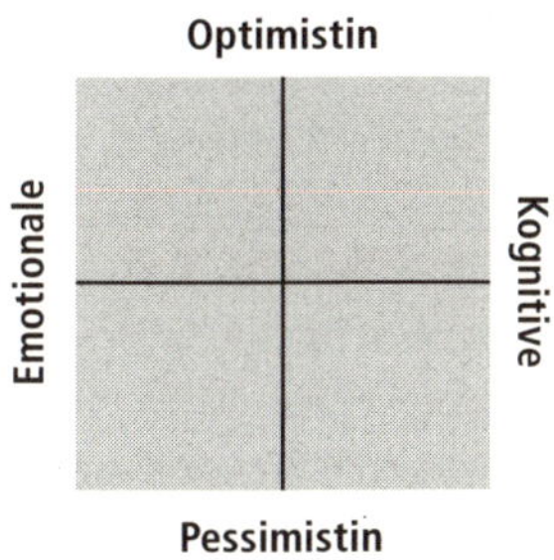
Optimistin
Emotionale
Kognitive
Pessimistin

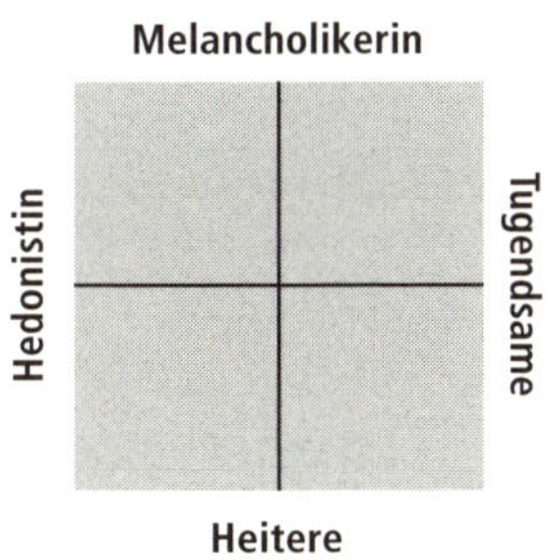
Melancholikerin
Hedonistin
Tugendsame
Heitere

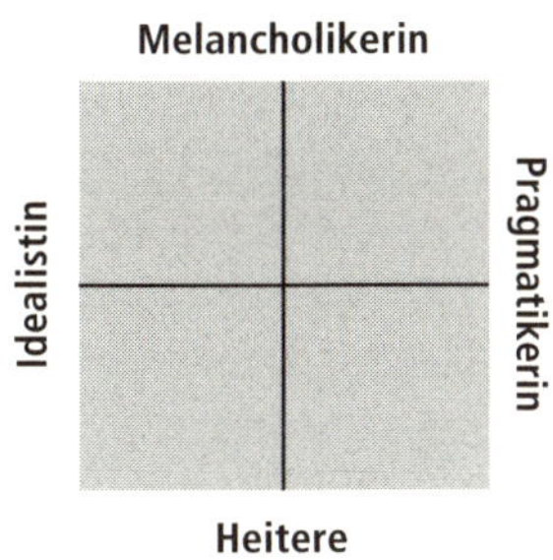
Melancholikerin
Idealistin
Pragmatikerin
Heitere

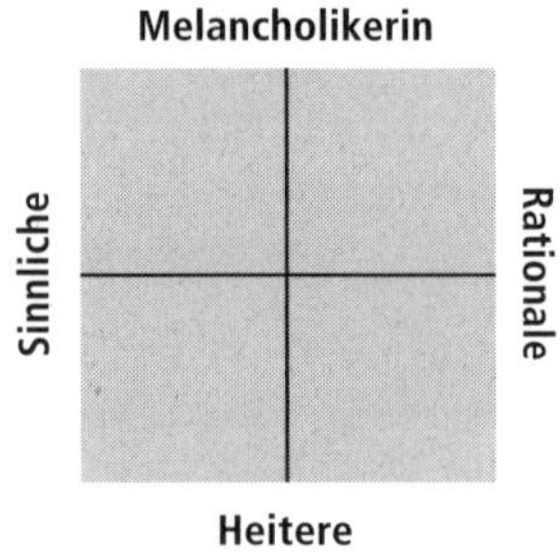

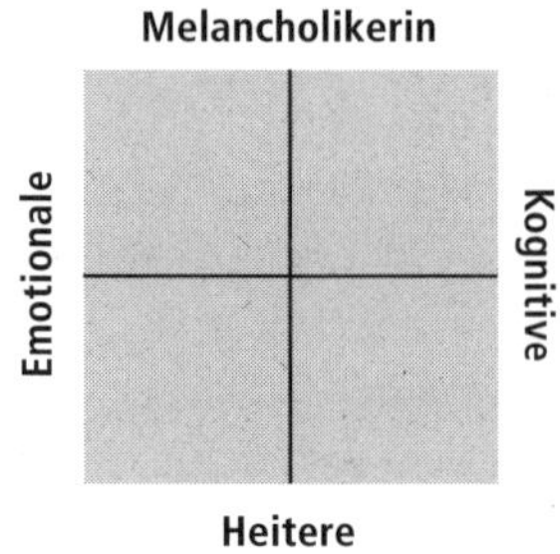

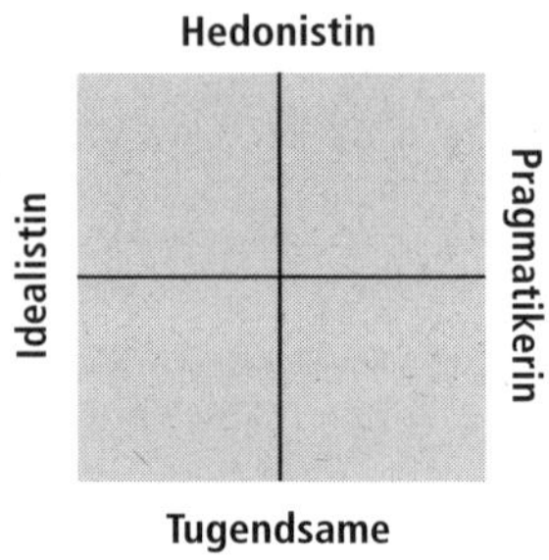

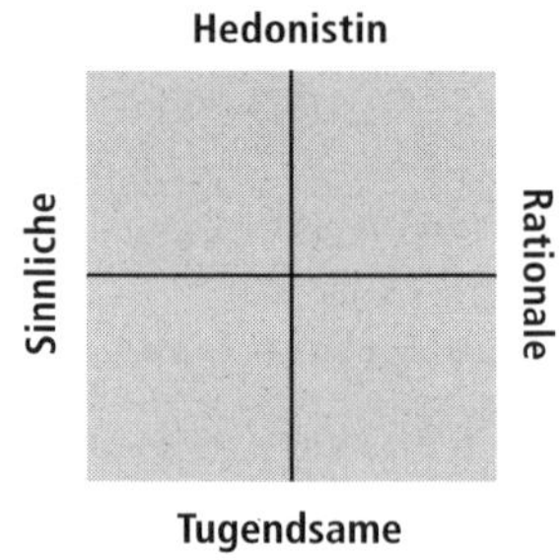

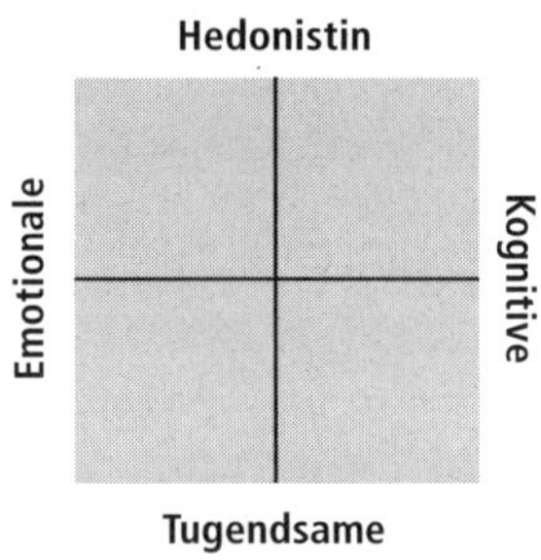

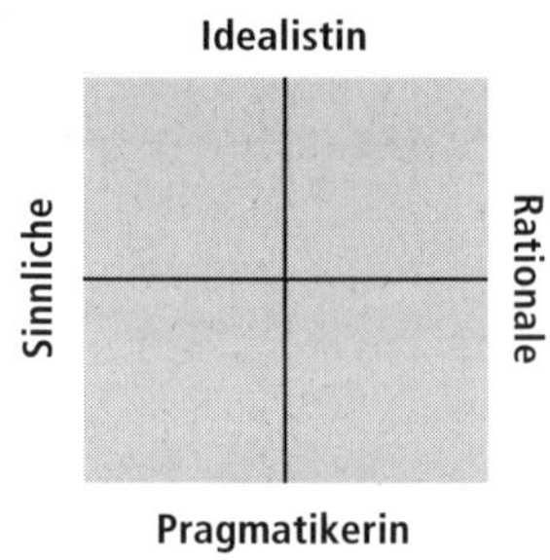

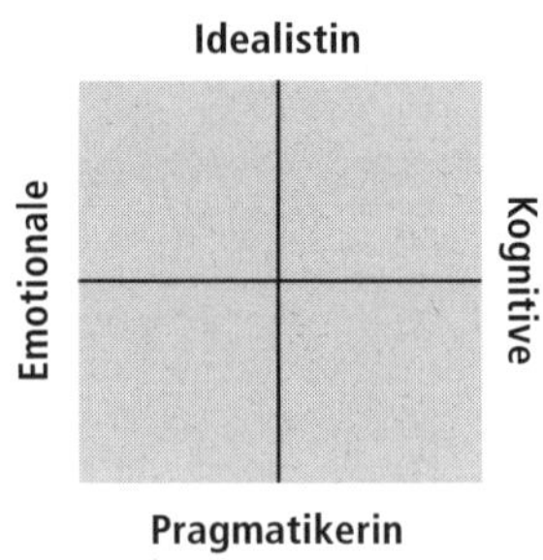

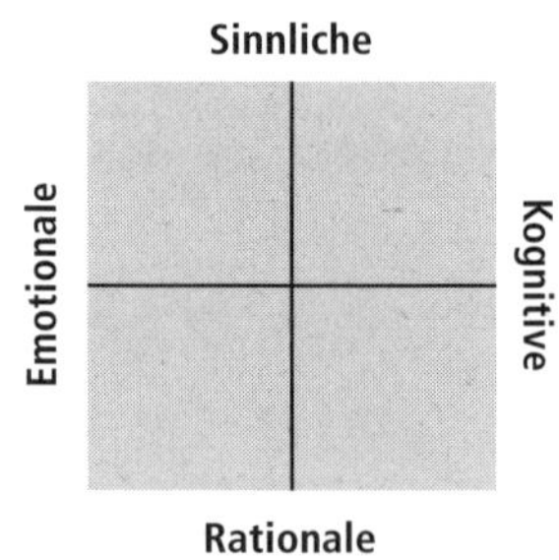

Weiterführende Übungen zu dieser Arbeit finden Sie im anschließenden Kapitel 6.

Als Frau selbstbewusst leben: Lebens- und Karriereplanung

6. Positionierung mit dem Mythenrad

Was wir von den Mythen lernen können

Sie sind schon weit gekommen auf Ihrer Reise zu Ihrem eigenen Mythos. Sie haben die griechischen Göttinnen kennengelernt, vier Ladys der Neuzeit und vor allem sind Sie immer wieder sich selbst begegnet. Jetzt, im letzten Kapitel, geht es darum, dass Sie die besten Strategien herausfinden, mit denen Sie Ihre zukünftigen Ziele erreichen werden – auf der Grundlage einer privaten Identität. Dabei helfen Ihnen die Positionierungen, die Sie im vorherigen Kapitel ausgefüllt haben, und die Strategien der Psyche. Ihre Ziele definieren Sie mit Pallas Athene. Die richtigen Werte und Überzeugungen finden Sie mit Circe. Und in den Bereich der geschickten Kommunikation führt Sie Aphrodite. Für das Zeitmanagement steht Artemis Pate und die Musen werden Ihnen ihre Kreativität zur Verfügung stellen. Mit den Amazonen planen Sie siegessicheres Handeln, und sollte dann doch noch etwas schiefgehen, retten Sie die Verhandlungs- und Kampfstrategien unserer Feuerfrau Medea (siehe auch das Mytherad auf Seite 196).

Eine berufliche und private Identität finden mit Psyche

Wenn wir nun beginnen wollen, unsere wahre Identität zu finden, ist sicher Psyche, die Liebesfähige, die Seele an sich, die beste Ratgeberin.

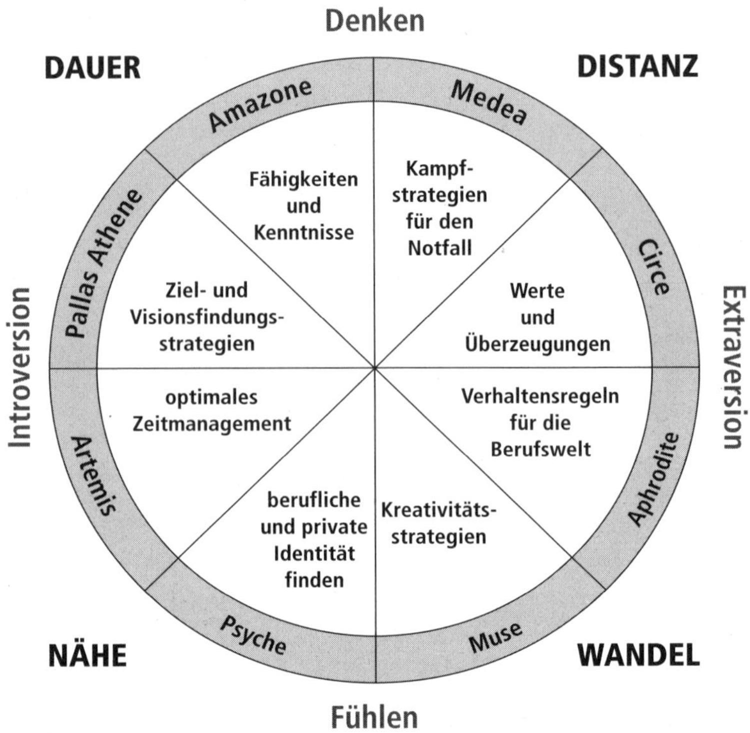

In der vorhergehenden ausführlichen Übung zur Positionsfindung und Standortbestimmung haben Sie schon viel darüber nachgedacht und erarbeitet, wer Sie sind und wer Sie sein möchten. Führen Sie sich Ihre Positionierungs-Diagramme noch einmal ganz deutlich vor Augen und beschreiben Sie sich anhand dessen in der folgenden Übung. Sie können dabei manche der Eigenschaftswörter substantivieren, um dem Ganzen noch mehr Kraft zu verleihen. Eigenschaften, mit denen Sie nicht viel anfangen können, lassen Sie einfach weg.

Verbalisierung der Positionierungen

ÜBUNG

Beschreiben Sie sich selbst etwa wie folgt:

Beispiel

Privat bin ich *eine optimistische, dabei aber sehr melancholische Romantikerin, die das hedonistische Leben liebt, sinnlich und emotional ist und leider immer noch eher angepasst als rebellisch in Männerbeziehungen agiert.*

Beruflich bin ich *die optimistische, dabei aber sehr heitere Realistin, die eher rebellisch, kognitiv und rational an ihre Aufgaben herangeht, dabei aber immer auch auf ihre sinnlichen und emotionalen Stärken zurückgreifen kann.*

Mit folgenden Punkten bin ich zufrieden: *Ich mag meine Ambivalenzen und den großen Unterschied zwischen meinem beruflichen und meinem privaten Sein.*

Mit folgenden Punkten bin ich nicht zufrieden: *Ich möchte auch privat den Tatsachen mehr ins Auge sehen und die Dinge weniger romantisch verklärt betrachten.*

Folgendes werde ich deswegen zukünftig ändern:
Ich werde zukünftig mehr mit meinem realistischen Auge auf die Menschen sehen und mir mehr Gedanken darüber machen, wem ich blindlings vertrauen kann und bei wem ich dies lieber lassen sollte.

Privat bin ich:

____

____

____

____

____

Beruflich bin ich:

Mit folgenden Punkten bin ich zufrieden:

Mit folgenden Punkten bin ich nicht zufrieden:

Folgendes werde ich deswegen zukünftig ändern:

Und einige abschließende Lebensweisheiten von Psyche

- *»Liebe ist das Einzige, was nicht weniger wird, wenn wir es verschwenden.«* Ricarda Huch
- *»Lieben heißt Seele werden wollen in einem anderen.«* David Friedrich Schleiermacher
- *»Es gibt auf der ganzen Welt kein anderes Mittel, ein Ding oder Wesen schön zu machen, als es zu lieben.«* Robert Musil
- *»Dieses brüchige Leben zwischen Geburt und Tod kann eine Erfüllung sein, wenn es eine Zwiesprache ist.«* Martin Buber
- *»Das ist eine arme Frau, die nichts mehr zu geben hat, wenn sie sich hingegeben hat.«* Marie von Ebner-Eschenbach
- *»Eine Frau, die geliebt wird, hat immer Erfolg.«* Vicki Baum
- *»Freiheit existiert nicht; sie ist nur ein Wunsch der Seele.«* Emile Henriot
- *»Die wichtigste Stunde in unserem Leben ist immer der gegenwärtige Augenblick; der bedeutsamste Mensch in unserem Leben ist immer der, der uns gerade gegenübersteht; das notwendigste Werk in unserem Leben ist stets die Liebe.«* Leo Tolstoi
- *»Es gibt keinen Fortschritt um uns ohne einen Fortschritt in uns.«* Carl Gustav Jung
- *»Tu das, wodurch du würdig bist, glücklich zu sein.«* Immanuel Kant
- *»Wohin du auch gehst, geh mit deinem ganzen Herzen.«* Konfuzius

Zielfindungsstrategien mit Pallas Athene

Was wir vom fokussierten männlichen Denken wirklich lernen können, ist die Zielgenauigkeit, das heißt das, was wir anstreben, in kürzester Zeit bei geringstem Einsatz an Ressourcen zu erreichen. Sehen wir uns die mythischen Göttinnen an, so gibt es da eine, die diese Fähigkeit par excellence beherrscht. Es ist die Kopfgeburt des Zeus: Pallas Athene, die kühle Rechnerin und Strategin. Gerade, wenn Sie sich auf dem Mythenrad in weiter

Entfernung vom Wassertyp befinden, sollten Sie sich folgende Strategien aneignen:

Wann erreichen Sie Ihr Ziel?

1. Das »Warum« (das Motiv, der Grund, etwas zu wollen) muss stark genug sein.
2. Das »Wie« (der Weg) muss geklärt und realistisch sein.

ÜBUNG

Zielfindung

Verschaffen Sie sich einen Überblick, welche Ziele Sie in welchen Lebensbereichen haben. Nehmen Sie sich dafür ein wenig Zeit. Machen Sie es sich alleine bequem und tragen Sie in die folgende Tabelle ein, welche Ziele Sie verfolgen, wie der Ist-Zustand ist und wie es in verschiedenen Zeitabständen sein soll.

Gebiet / Zeit	Beruf	Aus-/Weiterbildung	Gesundheit	Beziehung/Familie	Persönliches	Sonstiges
heute						
nach 1 Woche						
nach 1 Monat						
nach 1 Jahr						
nach 2 Jahren						
nach 5 Jahren						
nach 10 Jahren						
nach 15 Jahren						
nach 20 Jahren						

Stellen Sie sich dazu bitte für jede Rubrik die Fragen:

Klärung des »Warum«

Was möchten Sie erreichen?

____

Was haben Sie davon, wenn Sie dieses Ziel erreicht haben?

____

Danach stellen Sie sich zu jeder Rubrik Ihr persönliches Zielszenario 15 Minuten lang so lebendig wie möglich vor. Träumen Sie sich in Ihr Ziel hinein und malen Sie es sich so schön wie möglich aus. Achtung! Wenn Sie die 15 Minuten nicht aushalten: Stimmt noch etwas nicht an Ihrem Ziel oder ist es Ihnen nicht wirklich wichtig? Sollte dies der Fall sein, verändern Sie Ihr Ziel bitte so lange, bis Sie die 15 Minuten in Ihrer Zielvision genießen können.

Festlegung des »Wie« nach der SMART-Formel

Jetzt legen Sie Ihre Ziele folgendermaßen fest:

S	=	Schriftlich und sinnesspezifisch (bildlich) formulieren
M	=	Messbar
A	=	Alle Lebensbereiche umfassend
		Attraktiv = positiv formuliert
		Als-ob-jetzt
R	=	Realistisch
T	=	Termingebunden

Je konkreter und klarer Sie Ihr Ziel formulieren, desto einfacher fällt Ihnen die Umsetzung, da Sie auch die Details für die Realisierung formuliert haben.

Um dem Ganzen eine mythische Kraft zu geben, machen Sie bitte Folgendes: Schreiben Sie nun Ihr wichtigstes Ziel nach der oben genannten Formel auf. Hier kommt es sehr darauf an, dass Sie absolut konkret und detailliert vorgehen:

- Beginnen Sie den Satz mit: »Ich freue mich darüber, dass …«
- Schreiben Sie ausschließlich in der Gegenwartsform, also so, als ob das Ziel schon realisiert wäre.

- Verwenden Sie keinerlei Verneinungen oder Wörter mit der Vorsilbe»Un-«.
- Wenn Sie den Satz geschrieben haben, prüfen Sie noch einmal, ob Sie sich mit allen Folgen der Verwirklichung auseinandergesetzt haben und sie begrüßen.
- Erst dann lassen Sie das Ganze los und vertrauen auf die Unterstützung des Lebens zur Erreichung Ihres Ziels.

Beispiel *Ich freue mich darüber, dass ich es geschafft habe, die ausgeschriebene Stelle der Abteilungsleiterin Vertrieb bei der XY-Gesellschaft zu bekommen, und dass ich schon nach einem halben Jahr mit Leichtigkeit alle gesetzten Vertriebsziele um 10 Prozent überschritten habe. Außerdem ist es wunderbar, dass sich meine Karriere sehr positiv auf meine Beziehung mit Jens auswirkt.*

Und einige abschließende Lebensweisheiten von Pallas Athene

- *»Die Freiheit des Menschen liegt nicht darin, dass er tun kann, was er will, sondern dass er nicht tun muss, was er nicht will.«* JEAN-JACQUES ROUSSEAU
- *»Wessen wir am meisten im Leben bedürfen, ist jemand, der uns dazu bringt, das zu tun, wozu wir fähig sind.«* RALPH WALDO EMERSON
- *»Die Zukunft sollte weder männlich sein noch weiblich, sondern menschlich.«* SIMONE DE BEAUVOIR
- *»Es gibt, also, mein Freund, keine Beschäftigung eigens für die Frau, nur weil sie Frau ist, und auch keine eigens für den Mann, nur weil er Mann ist, die Begabungen finden vielmehr gleichmäßig bei beiden Geschlechtern statt.«* PLATON
- *»In der Spannung zwischen Ziel und Wirklichkeit entdecken wir den Sinn unseres Lebens und unsere erste Aufgabe.«* HANS GÜNTHER ADLER
- *»Wer ein Warum hat, dem ist kein Weg zu schwer.«* FRIEDRICH NIETZSCHE

Werte und Überzeugungen für ein erfolgreiches Leben mit Circe

Begeben Sie sich nun, wie Circe, auf Ihre ganz persönliche Insel. Mit der folgenden Übung können Sie erforschen, was Sie tief in Ihrem Innersten wünschen, welche Werte Ihnen wichtig sind und in welchen Ihrer tatsächlichen Lebensrollen Sie diese Werte wie leben.

Inselübung

ÜBUNG

Sich die eigenen Werte bewusst machen

1. Schritt

Stellen Sie sich vor, dass Sie für einen längeren Zeitraum in einer Traumwelt, auf einer einsamen Insel, leben dürfen. Sie können 16 Personen aus der nichtrealen Welt mitnehmen. Suchen Sie Personen aus, die Sie bewundern oder kennenlernen möchten. Dies können Fantasiegestalten sein wie Peter Pan, Verstorbene wie J. F. Kennedy, Stars wie Tina Turner oder Kevin Costner, Romanfiguren oder der Comic-Schwarm aus der Kindheit. Schreiben Sie die Namen in die linke Spalte der folgenden Matrix (siehe Seite 204).

2. Schritt

Wenn Sie 16 Namen aufgelistet haben, überlegen Sie, welche Eigenschaften Sie an diesen Personen schätzen, und schreiben diese in das zweite Feld. Danach prüfen Sie, was das verbindende Gefühl jeweils zweier Eigenschaften ist, und schreiben dieses in die dritte Spalte. Nun suchen Sie jeweils die gemeinsamen Werte. Wenn Sie alle Kästchen mit Werten ausgefüllt haben, wählen Sie bitte Ihre wichtigsten Werte aus, um mit diesen in der nächsten Übung, der Rollen-Werte-Matrix (Seite 206), weiterzuarbeiten.

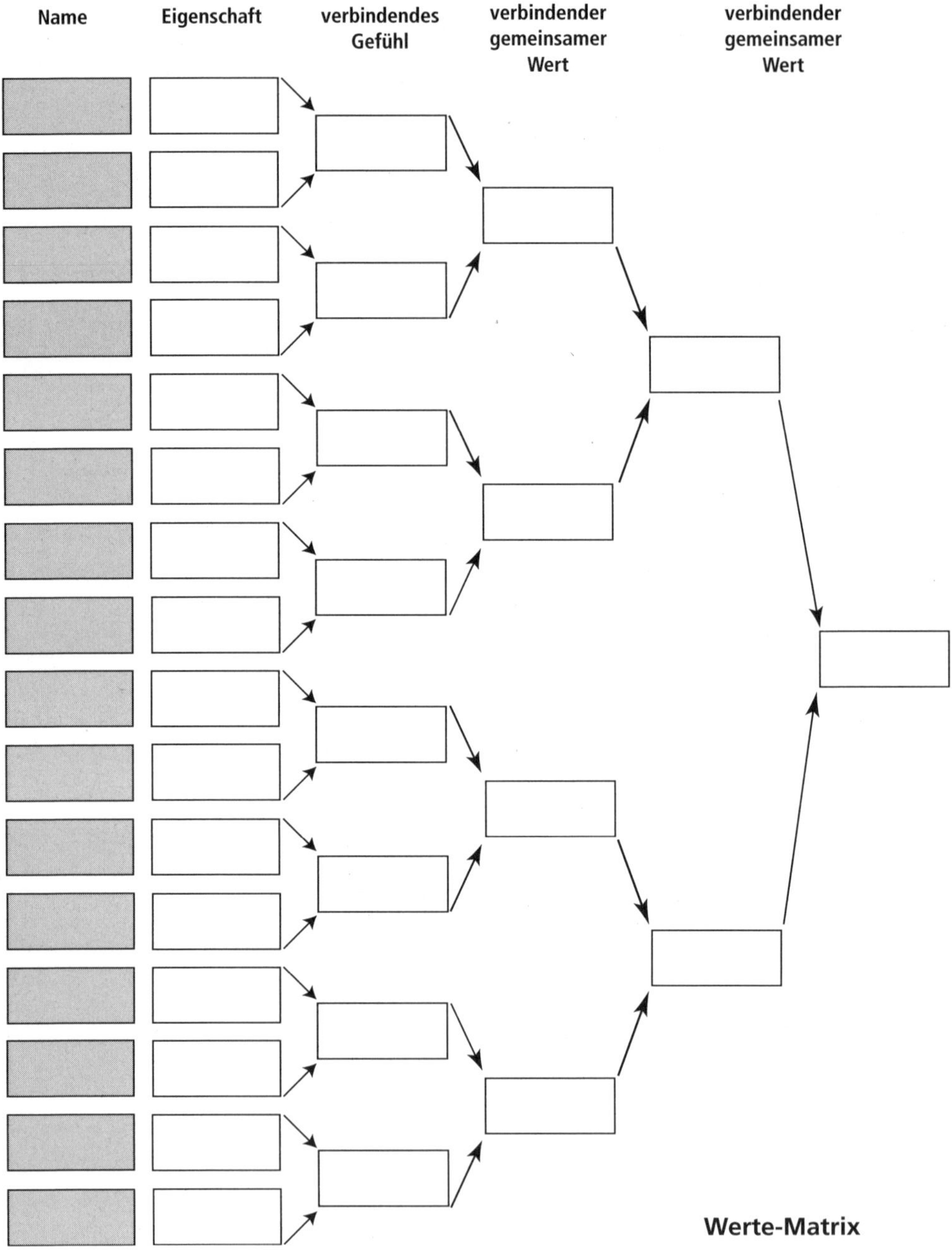

Werte-Matrix

Rollen-Werte-Matrix

ÜBUNG

Nun haben Sie die Werte ermittelt, die Ihnen wichtig sind. Tragen Sie diese jetzt in die nächste Matrix ein. Folgen Sie dem Beispiel. Schreiben Sie Ihre wichtigsten Werte in die linke Spalte der Matrix und die Rollen Ihres Lebens in die oberste Zeile. Danach geben Sie sich ganz ehrlich Punkte dafür, wie Sie jeden Wert in der entsprechenden Rolle leben können:

1 = Der Wert wird so gut wie gar nicht erfüllt = großes Defizit
10 = Der Wert wird zu 100 Prozent gelebt = größtes Glück

Beispiel

Eine 45-jährige Mutter, Ehefrau und selbstständige Geschäftsfrau hat die unten stehende Matrix ausgefüllt. Sie hat eine zwölfjährige Tochter. Ihre Boutique läuft ganz gut. Außerdem sieht sie sich als Freundin ihrer Freundinnen und natürlich als Tochter ihrer Eltern. Ihre Werte sind: Liebe, Anerkennung, Erfolg, Sicherheit, Sinnlichkeit und Humor.

Tabelle zum Beispiel:

Rolle / Wert	Mutter	Ehefrau	Freundin	Selbst-ständige	Tochter						
Liebe	8	8	8	4	8						
Anerken-nung	5	6	7	9	9						
Erfolg	4	4	6	9	5						
Sicherheit	9	9	7	4	9						
Sinnlichkeit	3	6	3	5	5						
Humor	5	7	8	7	9						

Bitte geben Sie nun Ihre Werte, Rollen und Bewertungen in die Matrix ein:

Rolle / Wert											

Hilfen zur Auswertung Ihrer persönlichen Rollen-Werte-Matrix

- Wertigkeiten von 1–4 bedeuten: Hier haben Sie erheblichen Handlungsbedarf, Ihre Lebensqualität zu verbessern.
- Wertigkeiten von 5–7 bedeuten: Hier haben Sie noch Potenzial für Ihre persönliche Entwicklung.
- Wertigkeiten von 8–10 bedeuten: Hier haben Sie einen ausgeglichenen, glücklichen Bereich in Ihrem Leben.

Auswertung des Beispiels

Die Noten, die sich die Frau in unserem Fallbeispiel gibt, zeigen, dass sie momentan eine Diskrepanz zwischen Anerkennung und Erfolg als Mutter (Wertigkeit 5+4) auf der einen Seite und als Selbstständige (Wertigkeit 9) auf der anderen Seite hat. Den Wert Sicherheit vermisst sie im Bereich der Selbstständigkeit (Wertigkeit 4).

Fazit Ihrer Werte-Ermittlung

ÜBUNG

Welche Diskrepanzen erkennen Sie für sich aus Ihrer Matrix?

____

____

Was werden Sie unternehmen, um Ihr Leben in diesen Punkten zu verbessern?

____

____

Circe mit ihrer hellen Sonnenenergie schafft es immer wieder, sich gerne mal zu verstricken und ein kleines Melodram zu inszenieren. Die nächste Übung hilft Ihnen dabei, aus Ihren Mustern – genau wie unsere vier Ladys – herauszukommen.

Identifizierung begrenzender Muster

ÜBUNG

Bitte denken Sie über die Bereiche Ihres Lebens nach, in denen Sie immer wieder das Gleiche erleben und gerne eine Veränderung herbeiführen möchten.

1. Was passiert Ihnen immer wieder?

____

____

2. Wie fängt es an?

____

____

3. Wie geht es weiter?

---

4. Was ist am Schluss?

---

5. Was sagen Sie in einer kritischen Situation über sich und über die anderen?

---

6. Wenn das immer so weitergeht und Sie dieses Muster immer wieder durchspielen, was ist dann in 5, 10 oder 20 Jahren?

---

7. Wenn es ein Leben lang so weitergeht, was sagen Sie dann über sich, die anderen und die Welt (was steht auf Ihrem Grabstein)?

Wenn Sie sich nun Ihre sieben Punkte ansehen und noch einmal die Geschichten und Muster unserer vier Frauen betrachten, welches Muster fällt Ihnen dann bei Ihnen selbst auf, das Sie hier eintragen könnten?

Glaubensmuster

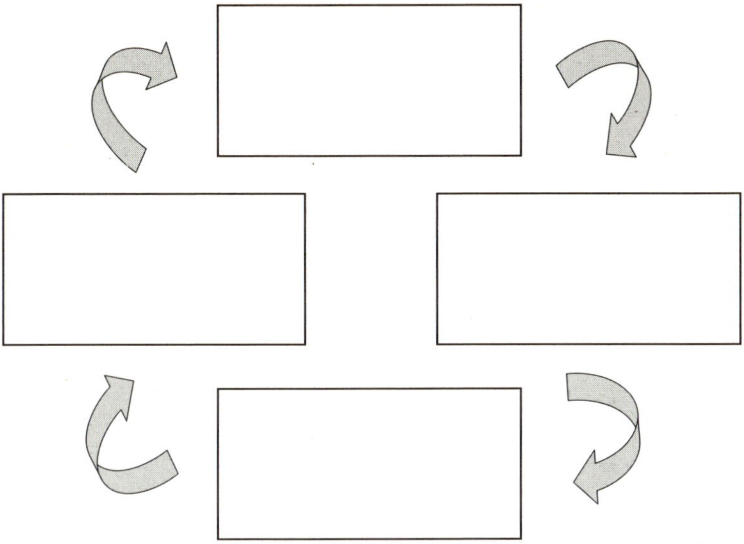

Wo können Sie ansetzen, um eine Veränderung zu bewirken?

____

____

Was werden Sie in Zukunft anders machen?

____

____

Wie sieht Ihr Glaubensmuster aus, wenn es gelöst ist?

____

____

Glaubensmuster

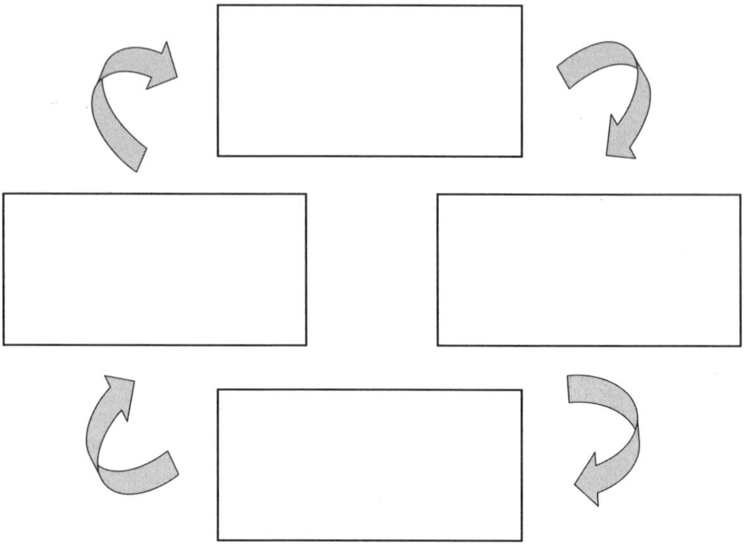

Die richtigen Überzeugungen nutzen

Das höchste Gut von Circe ist ihre positive Einstellung zum Leben. Sie nimmt jede Herausforderung an, und das mit Freude, Leichtigkeit und einer guten Portion Humor. Diese Fähigkeit ist eine Bank für alle Situationen des Lebens. Die nächste Übung zeigt Ihnen, wie Sie über das Leben und sich selbst denken und wie Sie negative Gedanken in positive umwandeln können.

ÜBUNG

Glaubenssätze finden und ändern

Die folgende Liste gibt Ihnen einen Einblick in die Möglichkeiten positiven und negativen Denkens. Nutzen Sie diese Beispiele, um Ihre eigenen begrenzenden Glaubenssätze herauszufinden. Beobachten Sie einmal über einen ganzen Tag Ihre Gedanken und Befürchtungen und schreiben Sie sie in den leeren Teil der Tabelle. Ersetzen Sie Begrenzungen dann durch neue, ermunternde und optimistische Überzeugungen. Schreiben Sie die für Sie wichtigsten neuen Überzeugungen auf kleine Karteikärtchen und heften Sie diese an Ihren Badezimmerspiegel, Kühlschrank oder ans Armaturenbrett Ihres Autos. So sorgen Sie dafür, dass Sie häufig an diese positiven Einstellungen erinnert werden. – Und Sie nutzen die Kraft der Circe in Ihrem Unterbewusstsein.

Beispiele

Alter Glaubensatz	**Neue Überzeugung**
Ich muss hübsch aussehen, damit mich alle attraktiv finden.	*Ich bin authentisch, und das macht mich attraktiv.*
Ich will mich von einem starken Mann beschützen lassen.	*Ich lebe und liebe mein eigenes Leben. Allen Schutz, den ich brauche, finde ich in mir.*
Ich muss lieb und brav sein, damit mich alle mögen.	*Ich darf meine Meinung sagen und sein, wer ich bin.*
Schwachsein ist attraktiv. (Dornröschen-Mythos)	*Ich kann stark und schwach sein.*
Ich muss immer Ja sagen, damit mich andere nett finden.	*Ich kann meine Meinung situationsspezifisch kundtun.*
Ich nehme es auf jeden Fall persönlich.	*Ich trenne Sach- und Beziehungsebene.*
Ich bin bestimmt zu dick.	*Ich will so bleiben, wie ich bin – ich darf! Oder: Ich erreiche mein Wunschgewicht, weil ich stark bin.*
Frau sein heißt Mutter sein.	*Frau sein heißt Frau sein.*
Frauen haben keine Chance auf eine große Karriere.	*Frauen haben jede Chance, die sie sich geben.*
Die meisten meiner Erfolge sind auf Glück und Zufall zurückzuführen.	*Ich erreiche das, was ich mir vornehme.*
Es fällt mir schwer, mich zu verändern.	*Es macht mir Freude, mich zu entwickeln.*
Bedingungslose Liebe gibt es nicht.	*Bedingungslose Liebe fängt bei mir selbst an.*
Was ich denke, ist unwichtig.	*Mein Denken bestimmt mein Handeln, und mein Handeln beeinflusst mein Leben.*

Beziehungen sind schwierig.	*Beziehungen dürfen leicht sein.*
Geld verdienen ist schwer.	*Geld verdienen macht Spaß und ist leicht.*
Ich habe es nicht anders verdient.	*Ich habe es verdient, erfolgreich und glücklich zu sein.*

Alter Glaubensatz	**Neue Überzeugung**

Und einige abschließende Lebensweisheiten von Circe

- *»Mit dem Leben ist es wie mit einem Bühnenstück: Was zählt ist nicht die Länge, sondern das gekonnte Spiel.«* SENECA
- *»Der Himmel hat den Menschen als Gegengewicht zu den Mühseligkeiten des Lebens drei Dinge gegeben: die Hoffnung, den Schlaf und das Lachen.«* IMMANUEL KANT
- *»Wer lachen kann, dort, wo er hätte heulen können, bekommt wieder Lust zum Leben.«* WERNER FINK
- *»Kluge Frauen sind so klug, ihre Männer nicht merken zu lassen, wie klug sie sind.«* PAUL HENCKELS
- *»Erfolg besteht darin, dass man genau die Fähigkeiten hat, die gefragt sind.«* HENRY FORD
- *»Wenn es ein Geheimnis für den Erfolg gibt, so ist es dies: den Standpunkt des anderen verstehen und die Dinge mit seinen Augen sehen.«* HENRY FORD
- *»Weiblichkeit ist ein großer Reichtum und verdient es auch, als solcher behandelt zu werden.«* HARRIET RUBIN

Aneignen von Fähigkeiten und Kenntnissen mit den Amazonen

Eine große Stärke der Amazonen ist, dass sie nicht eitel sind und sich niemals etwas vormachen. Genauso sollten Sie an Ihre eigene Aus- und Weiterbildung herangehen und objektiv betrachten, was Sie gut können und was Sie sich noch aneignen wollen.

Beginnen Sie mit einer Stärken- und Schwächen-Analyse:

ÜBUNG

Stärken und Schwächen erkennen

Stärken-Schwächen-Analyse

Fähigkeiten	BEURTEILUNG		Bemerkung
	schlecht mittel gut 10 9 8 7 6 5 4 3 2 1 0 1 2 3 4 5 6 7 8 9 10		

Der Aktionsplan

Was die Amazonen außerdem auszeichnet, ist ihr konsequentes Handeln. Nachdem Sie nun Ihre Ziele klargelegt, Ihre Muster identifiziert und eine Stärken- und Schwächen-Analyse durchgeführt haben, kommt es darauf an, aktiv zu werden.

Handlungsverpflichtung eingehen

ÜBUNG

Damit Sie sich selbst verpflichten, das zu tun, was Ihnen wichtig ist, tragen Sie bitte in die unten stehende Tabelle drei Dinge ein, die Sie tun werden, um Ihre Fähigkeiten weiterzuentwickeln.

Was ich tun werde:	Diese Unterstützung brauche ich:	Daran erkenne ich meinen Erfolg:
1.		
2.		
3.		

So halten Sie Vorsätze ein

1. Schreiben Sie alles auf, was Sie erledigen wollen.
2. Fragen Sie sich zu jedem aufgeschriebenen Punkt: »Was ist mein Nutzen davon?«; »Warum will ich es?« Wenn Sie es nicht mehr wollen, dann streichen Sie diesen Punkt.
3. Tun Sie, was eine Frau tun muss!

Und einige abschließende Lebensweisheiten von den Amazonen

- *»Das Geheimnis des Erfolgs ist zweckmäßige Beharrlichkeit.«* Benjamin Disraeli
- *»Nie überlegen, was morgen sein wird, sondern das tun, was man heute tun kann.«* Karl R. Popper
- *»Niemand rettet dich, wenn du es nicht selber tust.«* Barbara Bierach

Verhaltensregeln in der Berufswelt mit Aphrodite

Aphrodite ist die Göttin der Verführung, der Kommunikation und Manipulation. In einem von Zeus beherrschten Olymp setzt sie sich mit Charme und Raffinesse immer wieder durch. Von ihr können wir lernen, wie wir souverän unsere Ziele erreichen in einer noch immer von Männern dominierten Welt. Sie sollten daher darum wissen, wie Sie verführerisch wirken können, genauso wie darum, wie Sie eben dies vermeiden.

Outfit: Wie man sich kleidet, so siegt man

Beginnen Sie mit Ihrem Image und dem dazugehörigen Outfit. Schreiben Sie hier noch einmal kurz auf, was Ihre Positionierung für Ihre geschäftliche »Marke Frau« ergeben hat:

____

____

Welches Outfit entspricht nun dieser Positionierung? Hierzu eine Checkliste, die Sie bitte Ihrem individuellen Stil anpassen:

Das richtige Business-Outfit

- Kleidung perfekt businesslike? Überprüfen Sie, ob Sie sich wohlfühlen und ob Ihre Kleidung der Situation angemessen ist.
- Fühlen Sie sich in Röcken oder Hosen wohler? Sind Sie eher der Marlene-Typ, dann tragen Sie Hosen.
- Wenn Sie Röcke tragen, achten Sie darauf, dass sie nicht zu kurz sind – mindestens knielang heißt die Devise.
- Ein Jackett gibt Ihnen Sicherheit und wirkt bei einem Businessmeeting immer korrekt.
- Achten Sie darauf, dass Sie weder zu trist noch zu bunt angezogen sind. Zu triste Farben machen Ihr Gegenüber müde und träge, zu grelle Farben machen eventuell aggres-

siv. Mit dezenten, gedeckten Farben sind Sie bei wichtigen Terminen auf der sicheren Seite.

- Passen die Farben zueinander? Wirken sie harmonisch oder disharmonisch? Vorsicht ist bei Rottönen geboten.
- Achten Sie auf Ihren Typ. Sind Sie ein Herbst-, Winter-, Sommer- oder Frühlingstyp? Die Investition in eine professionelle Stil- und Typberatung zahlt sich meistens aus.
- Schmuck sollte zieren, wirken sollen vor allem Sie und Ihr Charisma. Daher gilt wieder einmal: Weniger ist mehr.
- Benutzen Sie nur Parfums, die nicht aufdringlich, sondern leicht und frisch sind. Fatal wäre es, wenn Ihr Gegenüber durch Ihren Duft Kopfschmerzen bekommt.
- Sie sollten nicht ungeschminkt zu wichtigen Terminen gehen – aber auch auf gar keinen Fall überschminkt. Professionell ist ein leichtes Tages-Make-up, das Ihre Note unterstreicht und Ihr Gesicht gepflegt und frisch erstrahlen lässt. Hier empfiehlt sich eine Typ- und Make-up-Beratung von einem Profi.
- Zum gepflegten Erscheinungsbild gehört eine modische und typgerechte Frisur.

Überprüfen Sie Ihr Outfit anhand Ihrer Positionierung und werden Sie nie müde, Ihren Typ immer weiter auszugestalten und sich auszuprobieren. Achten Sie dabei stets darauf, dass Sie den Vorstellungen derer entsprechen, mit denen Sie umgehen.

Beziehungsmanagement: Bauen Sie ein Sympathiefeld auf

Was Aphrodite im Olymp ausmacht, ist ihr spielerisches Beziehungsmanagement gegenüber den anderen Göttern und Sterblichen. Sie hält die Fäden immer in der Hand und ist so die größte weibliche Führungskraft der Antike. Eifern Sie ihr nach.

In erster Linie kommt es darauf an, dass Sie sich mit den »richtigen« Leuten umgeben. Suchen Sie sich Freunde, die Ihnen guttun, Sie unterstützen, und nicht solche, die Ihnen neidisch, missgünstig, allzu depressiv oder gar zynisch begegnen. Beruflich sollten Sie sich mit den Menschen gutstellen, die Sie weiterbringen, also mit Ihrem Chef, Ihren Kunden und Kollegen. Bleiben Sie dabei authentisch und beachten Sie folgende Tipps:

So pflegen Sie die Beziehungsebene

- Lächeln und nicken Sie Ihrem Gegenüber im Gespräch zu.
- Machen Sie sich Notizen von dem, was der andere sagt. Holen Sie aber vorher die Erlaubnis dazu ein.
- Fassen Sie das Gesagte immer mal wieder zusammen und fragen Sie nach, ob Sie Ihr Gegenüber richtig verstanden haben.
- Geben Sie Fehler zu und entschuldigen Sie sich, falls es einen Grund dafür gibt. Bleiben Sie dabei aber immer in Augenhöhe, machen Sie sich nicht klein!
- Klären Sie die gemeinsamen und die unterschiedlichen Interessen und betonen Sie dabei die Gemeinsamkeiten.
- Nehmen Sie Kritik an – ohne sie persönlich zu nehmen.
- Stellen Sie mehr Fragen, als Sie Antworten geben – es sei denn, die Situation erfordert wirklich nur Antworten.
- Seien Sie empathisch, zeigen Sie Mitgefühl mit Ihrem Gesprächspartner und nehmen Sie ihn immer ernst.
- Bemühen Sie sich vorbehaltlos und konstruktiv um Konsens.
- Nehmen Sie sich Zeit für ein Gespräch und öffnen Sie sich. Ihr Körper zeigt, was Ihr Kopf denkt.
- Halten Sie angenehmen Blickkontakt, sehen Sie den anderen immer wieder an, ohne ihn anzustarren.
- Seien Sie ehrlich, aber bleiben Sie dabei diplomatisch.
- Geben Sie einen Vertrauensvorschuss, ohne dabei blind zu vertrauen.
- Sprechen Sie Ihren Gesprächspartner mit Namen an.
- Zeigen Sie ehrliche Anerkennung.
- Verletzen Sie niemals das Selbstwertgefühl des anderen.
- Vermeiden Sie jegliche Rechthaberei, stellen Sie den anderen in den Mittelpunkt, nicht sich selbst, argumentieren Sie aus seiner Sicht.

Kommunikationsregeln: Optimieren Sie die eigene Wirkung

Aphrodite verschafft sich mithilfe ihres Charmes, ihres Esprits und ihrer Fähigkeit zu kommunizieren den Ruf der schönsten Göttin. Sie hat eine Wirkung wie keine andere Göttin des Olymps, weil sie immer weiß, wie sie ankommt. Achten auch Sie auf Ihre Wirkung. Bedenken Sie dabei folgende Punkte:

So kommunizieren Sie gekonnt

- Sie wirken immer und können gar nicht nicht kommunizieren.
- Ihre Befindlichkeit beeinflusst Ihr Verhalten, also sehen Sie zu, dass Sie selbst immer im »guten Zustand« sind! Je gestresster Sie sind, desto mehr nehmen Ihre positive Kommunikationsfähigkeit und Ihr Zielbewusstsein ab.
- Das Interesse steuert die Wahrnehmung. Das, woran Sie denken, nehmen Sie wahr!
- In der Kommunikation gibt es keine Fehler, nur Resultate. Lenken Sie Ihre Kommunikation so, dass Sie das Ergebnis erzielen, das Sie sich wünschen!
- Die Wahrheit liegt immer im Auge des Betrachters, es gibt keine objektive Welt – nur eine subjektive. Diese können Sie steuern; durch die Art, wie Sie kommunizieren, schaffen Sie »Realitäten«.
- Menschen haben Angst vor dem, was ihnen fremd ist. Verpacken Sie Ihre Botschaften so, dass der andere sie annehmen kann.
- Wenn Ihr Gegenüber nicht das tut, was Sie sich wünschen, bleiben Sie im »guten Zustand«, lächeln Sie und verändern Sie Ihr Verhalten.
- Menschen sind Egoisten. Sie denken immer an ihren Vorteil, vergessen Sie das niemals und fragen Sie sich immer: Was hat jemand davon, dass er mir zuhört?
- Ihre Körpersprache spiegelt Ihr Innenleben. Bemühen Sie sich um Kongruenz von Innen und Außen.

Menschen fühlen sich am wohlsten, wenn ihr Gesprächspartner ihnen ähnlich ist. Deshalb lernen Sie, Ihren Kommunikationsstil Ihrem Gegenüber anzupassen. Verwenden Sie ganz spielerisch seine Worte, seine Gesten, sein Sprechtempo. Wenn Sie eine wahre Göttin der Verführung werden wollen, passen Sie Ihren eigenen Atem dem Ihres Gesprächpartners an. Tun Sie dies aber nur, wenn Sie diese Nähe wirklich wünschen. Bündeln Sie Ihre Energien und fokussieren Sie sie auf die Optimierung Ihrer eigenen Wirkung – und Sie werden zukünftig überzeugend kommunizieren.

Verbalisierung: die Kunst des Fragens

Menschen kommunizieren oft nur an der Oberfläche. Interessant ist, welche Sehnsüchte, Hoffnungen und Wünsche darunter, in der Tiefenstruktur des Fühlens und Denkens, verborgen liegen. Je mehr sich jemand in Allgemeinplätzen äußert, desto gründlicher wird eine Aphrodite hinterfragen, was denn nun genau gemeint sei. Wer fragt, der führt. Durch Fragen erfahren Sie, was Sie wissen möchten. Der andere steht im Mittelpunkt des Geschehens und wird so bildlich gestreichelt, fühlt sich wohl und ist bereit, Ihnen viel über sich zu verraten. Denken Sie immer daran: In einer Welt, die immer einsamer wird, freut sich jeder, wenn er einmal über sich reden darf! Ein paar Beispiele:

Welche Fragen führen wann zum Ziel?

- *Verallgemeinerungen* wie »immer«, »alle«, »jeder«, »nie«, »die Frauen«, »die Männer«, »die Welt« etc. sind ganz einfach und spielerisch mit einem »Immer?« oder »Wirklich alle Männer?« zu hinterfragen. Heben Sie dabei die Stimme zur Betonung des letzten Wortes ein wenig und warten Sie ab, was Ihr Gegenüber erwidert.

- *Festgefahrene Meinungen* wie »Mein Chef macht mich verrückt« oder »Die Frauen verstehen mich einfach nicht« hinterfragen Sie, indem Sie den tieferen Sinn dahinter ergründen: »Wie macht Ihr Chef das denn?« oder »Woran würden Sie merken, dass eine Frau Sie versteht?« Bedenken Sie, dass Sie mit der Art Ihrer Frage die Richtung der Antwort und vor allem die Gefühlslage Ihres Gegenübers beeinflussen. Stellen Sie eine problemorientierte

Frage, geht der Befragte in den Problemzustand. Fragen Sie etwa »Wie macht Ihr Chef Sie verrückt?«, lenkt diese Frage ihn genau in seine Schwierigkeiten hinein. Das kann unter Umständen sinnvoll sein zur Wahrheitsklärung und Problemlösung, sollte aber immer bewusst sein. Bei der Frage »Wie müsste es denn sein, damit es gut für Sie ist?« führen Sie Ihr Gegenüber in eine positive Gedankenlaufbahn. Hier muss er nun überlegen, wie der gute Zustand aussieht. Diese Art zu fragen empfiehlt sich vor allem gegenüber den ewigen Pessimisten, um ihnen aus ihrer negativen Art zu denken herauszuhelfen.

- *Ja-aber-Formulierungen* wie »Ich würde ja gerne mehr Sport machen, aber ich habe keine Zeit dafür« hinterfragen Sie, indem Sie den Zusammenhang entkoppeln: »Stellen Sie sich doch einmal vor, Sie hätten alle Zeit der Welt ... mal ganz ehrlich, nur so unter uns, würden Sie dann mehr Sport treiben?«
  Auf diese Frage werden Sie eine ehrliche Antwort bekommen, wenn sie mit der entsprechenden Einfühlsamkeit gestellt wird, und danach wissen, ob es sich um einen echten Einwand oder einen Vorwand handelt – was in 80 Prozent der Aber-Sätze der Fall sein dürfte.

- *Einschränkungen* wie »Ich kann das nicht«, »Ich sollte dies nicht tun« hinterfragen Sie, indem Sie herausfinden, was den anderen daran hindert: »Wer sagt, dass Sie dies nicht tun sollten?« oder ihn zur Lösung hinführen: »Was müssten Sie denn können, damit es klappt?« Fragen Sie allerdings nicht, was jemand nicht kann, wenn Sie nicht wollen, dass er in eine rechtfertigende Haltung gerät.

- *Bewertungen ohne Bezug* wie »Das ist mir zu teuer« (im Verkaufsgespräch) oder »Der Preis einer Trennung ist mir zu hoch« (im persönlichen Gespräch) lösen Sie auf, indem Sie den fehlenden Bezug herstellen. Im Verkaufsgespräch: »Im Verhältnis wozu ist das zu teuer?«; im persönlichen

Gespräch: »Im Verhältnis wozu ist dir der Preis einer Trennung zu hoch? Was ist dein höchster Wert und wie hoch darf der Preis dafür sein?«

- *Unspezifische Ängste* wie »Die neue Situation macht mir Angst« hinterfragen Sie, indem Sie die substantivierte Angst zunächst in einen Prozess umwandeln: »Was genau ängstigt Sie an der neuen Situation?« oder auch hier wieder positiv formulieren: »Wie müsste die neue Situation sein, damit sie Sie nicht ängstigt?«

Verbalisierung: die Kunst des Formulierens

Eine weitere Verführungskunst liegt in der Art und Weise, wie Sie Ihre Gedanken formulieren. Kennen Sie die Schlange Kaa aus dem Dschungelbuch? Ihr gelingt es, durch ihre Art zu sprechen die Menschen ganz sanft in den Schlaf zu wiegen. Sie haben die Macht darüber, ob Sie jemanden aggressiv oder sanft stimmen – dadurch, wie Sie mit ihm reden. Das Geheimnis liegt in der Wahl der Worte und natürlich in der Intonation und Sprachmelodie. Auch hierzu ein paar Beispiele:

Welche Suggestionen sind nützlich?

- Wenn Sie eine *Tatsache mit einer kleinen Suggestion verknüpfen* wollen, sagen Sie zum Beispiel bei einem Vorstellungsgespräch: »Je mehr ich mich mit Ihrem Unternehmen beschäftigt habe, desto mehr habe ich festgestellt, dass ich genau die Qualifikationen habe, die Sie für diese verantwortungsvolle Stelle benötigen.«

- Möchten Sie *kunstvolle Vagheiten* anbringen, sagen Sie etwa: »Es ist vielleicht ganz einfach, eine zufriedenstellende Lösung für Sie zu finden« oder: »Manchmal kann es sinnvoll sein, sich mit Dingen zu beschäftigen, die momentan noch nicht so spannend sind«.

- Wenn Sie Ihre *persönliche Überzeugungskraft* betonen möchten, stellen Sie Fragen mit dem Bindewort »oder«:

»Wo liegt Ihre Priorität? Ist Ihnen Zuverlässigkeit *oder* Schnelligkeit bei einer Mitarbeiterin wichtiger?«

- Erwarten Sie *Widerstand und wollen ihn brechen,* nehmen Sie eventuelle Einwände vorweg: »Sie fragen sich vielleicht, wie ich mit meinen 25 Jahren schon so viel Berufserfahrung haben kann …« Oder: »Ich bin neugierig, welche wunderbaren Ideen wir in unserer Zusammenarbeit noch entwickeln werden.« Bei heftigen Vorurteilen: »Falls Sie bezweifeln, dass eine Frau wirklich diesen Anforderungen gewachsen ist, dann können Sie sich jetzt entspannen. Wenn Sie diese Referenzen lesen, werden Sie wissen, dass ich genau die Richtige für Sie bin.«

Jede Behauptung, die Sie aufstellen, ist so wertvoll, wie Sie selbst daran glauben!

Und einige abschließende Lebensweisheiten von Aphrodite

- *»Wer nur mit dem Verstand lebt, hat das Leben nicht verstanden.«* Gerd Uhlenbruck
- *»Der Weg zum Erfolg wäre kürzer, wenn es zwischendurch nicht so viele reizvolle Aufenthalte gäbe.«* Sacha Guitry
- *»Ich habe im Leben Erfolg gehabt, jetzt versuche ich das Leben zum Erfolg zu machen.«* Brigitte Bardot
- *Freiheit, die sich nicht ausbreiten will, verliert auch noch das eigene Terrain.«* Hans Kasper
- *»Wer meint, Unternehmen über Zahlen und nicht über Menschen führen zu müssen, wird bald die Quittung dafür erhalten.«* Matthias Scharlach
- *»Wer Freiheiten aufgibt, um Sicherheit zu gewinnen, verdient weder Freiheit noch Sicherheit.«* Benjamin Franklin

Zeitmanagement mit Artemis

Ein wichtiges Instrument für ein erfolgreiches Leben ist gutes Zeitmanagement. Hierfür steht Artemis Pate. Artemis gelingt es, durch ihr introvertiertes, fühlendes und vor allem denkendes Wesen Prioritäten zu setzen, gut zu strukturieren und zu planen.

Dringliches und Wichtiges unterscheiden

Dazu bedienen wir uns zunächst eines bekannten Prinzips, das nach dem amerikanischen Präsidenten Dwight D. benannt wurde: Das *Eisenhower-Prinzip* unterteilt Aktivitäten und Aufgaben nach Dringlichkeit und Wichtigkeit. Nicht alles, was dringlich ist, ist auch wichtig. Diese Methode hilft Ihnen, den Zeitpunkt für die Bearbeitung Ihrer Aufgaben festzulegen, zu unterscheiden, ob Sie die Aufgabe sofort, später oder gar nicht bearbeiten.

ÜBUNG

Prioritäten setzen mit dem Eisenhower-Prinzip

Überlegen Sie sich für aktuell anstehende Aufgaben, wo diese einzuordnen sind, und behandeln Sie sie entsprechend.

Wichtigkeit und Dringlichkeit	**nicht dringlich**	**dringlich**
wichtig	Planen, möglichst selber machen ________ ________ ________	Sofort selber machen ________ ________ ________
unwichtig	Sofort wegwerfen ________ ________ ________	Delegieren oder nachrangig erledigen ________ ________ ________

Zielen und Gewinnen

Jeder hat gleich viel Zeit. Entscheidend ist, wie Sie damit umgehen. Berücksichtigen Sie folgende Regeln von Artemis:

- *Zielen:* Setzen Sie Ihre Zeit wie Pfeil und Bogen ein. Zuerst zielen. Richten Sie Ihre Zeit an Ihren Zielen aus.
- *Planen* Sie am Abend den neuen Tag schriftlich und bauen Sie Puffer für Unerwartetes ein.
- *Prioritäten setzen:* Planen Sie Wichtiges zuerst ein und lassen Sie Unwichtiges weg.
- *Zusammenfassen:* Packen Sie gleichartige Aufgaben in je einen Zeitblock, zum Beispiel Telefonate, Post, Kurz-Besprechungen oder Kopieren. Anstatt mit jedem Blatt einzeln zum Kopierer zu laufen, kopieren Sie einfach einmal am Tag.
- *Vereinfachen:* Teilen Sie schwierige Aufgaben in kleine Schritte auf. Legen Sie die Reihenfolge und die Erledigungstermine fest.
- *Delegieren:* Was? Wer? Warum? Wie? Bis wann? Sagen Sie auch mal Nein und wehren Sie den anderen freundlich ab.
- *Rücksicht nehmen:* Vereinbaren Sie vorher jeweils Zielsetzung und Ende und verschieben, verspäten und überziehen Sie nicht.
- *Telefonieren:* Erfragen Sie vorher die passende Zeit und vereinbaren Sie Telefontermine.
- *Erfolge genießen:* Nehmen Sie Erledigtes als Erfolg wahr. Belohnen Sie sich selbst und andere.
- Schaffen Sie sich zwei *Zeitfenster*:
  – »Verfügbarkeit für andere«: Hier haben Sie für andere Zeit.
  – »Verfügbarkeit für sich selbst«: Hier haben Sie Zeit für die Angelegenheiten, für die Sie Ruhe und Konzentration brauchen.

Zeitdiebe ertappen und einsperren

Nur wenn Sie Ihre Zeitdiebe kennen, können Sie sich gegen sie zur Wehr setzen. Solche Diebe treten in unterschiedlicher Gestalt auf. Welche gelten für Sie?

- Die Unfähigkeit, Nein zu sagen
- Keine schriftlichen Ziele
- Fehlende Prioritäten und Tagesplanung
- Telefonische Unterbrechungen
- Ablenkungen
- Langwierige, überflüssige Besprechungen
- Papierkram
- Unangemeldete Besucher und externe Störungen
- Aufschieben unangenehmer Aufgaben
- Mangel an klaren Abmachungen mit den Mitarbeitern / Kollegen
- Überperfektionismus
- Zu wenig technische Hilfsmittel im Einsatz
- Mangelnde Konsequenz und Selbstdisziplin
- Fehlerhafte Kommunikation
- Zu wenig Systematik in der eigenen Führungsarbeit
- Sonstiges:

____

ÜBUNG

Übung: Zeitdiebe entlarven

Markieren Sie Ihre drei größten Zeitdiebe und wehren Sie sie konsequent ab. Fragen Sie sich nach der Ursache solcher Zeitdiebe und arbeiten Sie daran, diese abzustellen.

Ihre drei größten Zeitdiebe:

1. __________________________________

2. __________________________________

3. __________________________________

Deren Ursache:

1. __________________________________

2.

3.

Abwehrmaßnahme:

1.

2.

3.

Tagesplanung mit der ALPEN-Methode

Die *ALPEN-Methode* hilft Ihnen, Ihren Tag in fünf Stufen systematisch zu organisieren. Sie brauchen hierzu fünf bis zehn Minuten tägliche Planungszeit:

- **A** lles aufschreiben: Schreiben Sie alle Aktivitäten auf, die Sie ausführen müssen. Hierzu zählen unter anderem Aufgaben, Termine, Tagesarbeiten, Unerledigtes.
- **L** änge schätzen: Schätzen Sie nun für alle Aktivitäten den Zeitbedarf ab.
- **P** ufferzeiten einplanen: Richten Sie sich als Faustformel nach der 60:40-Regel, das heißt, verplanen Sie nur 60 Prozent Ihrer Tageszeit fix und halten Sie sich 40 Prozent für Unvorhergesehenes frei. Probieren Sie diese Regel eine Zeit lang aus und prüfen Sie dann, welcher Quotient Ihrer Erfahrung nach richtig ist.
- **E** ntscheiden: Setzen Sie sich Prioritäten und delegieren Sie weitere Aufgaben und Termine.
- **N** achkontrolle: Überprüfen Sie am Ende des Tages Ihren Tagesplan (am Ende der Woche Ihren Wochenplan etc.). Die unerledigten Aufgaben übertragen Sie entweder auf den nächsten Tag oder tragen sie in eine Aktivitätenliste ein, die Sie sich zu festgelegten Zeiten vornehmen.

Und einige abschließende Lebensweisheiten von Artemis

- *»Planen heißt sich mit der Zukunft und der Gegenwart auseinandersetzen.«* Harriet Rubin
- *»Viele denken, sie sind frei, weil sie machen können, was sie wollen, und merken doch nicht, dass sie ihre Diktatur in sich tragen.«* Ernesto Cardenal
- *»Das Ganze ist mehr als die Summe seiner Teile.«* Aristoteles
- *»Wenn man jede Nacht drei Stunden weniger schläft, hat man im Jahr eineinhalb Stunden mehr Zeit zum Erfolg.«* Aristoteles Onassis
- *»Sich klein zu machen rettet die Welt nicht.«* Nelson Mandela

Kreativitätsstrategien mit den Musen

Was die Fantasie einschlafen lässt

Die Musen sind die unentdeckten Künstlerinnen und damit Quelle von Ideen und Innovationen. Kreativität findet statt, wenn wir das, was in uns lebt, nach außen bringen. Um kreativ sein zu können, müssen wir einen Zugang zu unserem Inneren erschließen und den Mut haben, uns dem, was wir dort vorfinden werden, auch zu stellen. Zu oft lassen wir uns im Alltag von unserer Fantasie abbringen. Gründe dafür sind: zu viele Sorgen, fehlender Spaß, Frustration, übertriebene Bedeutung der eigenen Person, Angst vor Blamage und manchmal auch die Überzeugung, alles zu wissen.

Was aber macht den Menschen kreativ? Das Gefühl der Herausforderung, Neugierde, die Freude am Entdecken, die Fähigkeit, Dinge infrage zu stellen, der Wunsch, Dinge zu verbinden, die eigene Verspieltheit und der Forschergeist, die Risikobereitschaft. Manchmal ist es auch eine positive Unzufriedenheit oder der Wille zum Lernen oder einfach der Wunsch, die Dinge anders zu sehen.

Was die Fantasie weckt

Was brauchen Sie also, um kreativ zu sein? Eine Einstellung, die Ja sagt. Die Lust und die Fähigkeit, eingefahrene Gleise zu verlassen. Mut zum Unsinn ist hilfreich, und Ihre Erfolgslust sollte immer größer sein als die Angst zu versagen.

ÜBUNG

Fantasie zulassen

Bitte beantworten Sie ganz spontan folgende Fragen:

Wenn ich ein Buch schreiben würde, schriebe ich über …

____

____

____

Wenn ich einen Film drehen würde, wäre es ein …

____

____

____

Wenn ich ein Bild malen würde, wäre es …

____

____

____

Wenn ich ein Lied schreiben würde, handelte es von …

____

____

Wenn ich ein Studium beginnen würde, würde ich … studieren.

Wenn ich mir einen Ort auf der Welt aussuchen dürfte, ginge ich nach …

Wenn ich mit jedem Menschen dieser Welt zusammen sein könnte, würde ich … wählen.

Was wäre, wenn…

… der Tag 26 Stunden hätte?

… Sie nicht mehr schlafen müssten?

... Sie eine Million Euro gewinnen würden?

... Sie nie wieder Angst hätten?

... all Ihre Wünsche in Erfüllung gingen?

Die richtigen Fragen stellen

Die Musen stellen die richtigen Fragen. Sie überlegen niemals, wo das Problem sein könnte, sondern denken immer darüber nach, wie die Lösung aussehen würde. Auf die Fragen, die wir dem Leben stellen, bekommen wir immer die entsprechende Antwort. Fragen Sie also in Zukunft so, dass Sie mit der Antwort glücklich sind. Anstelle von: »Wie ist das Problem entstanden?« fragen Sie: »Wie könnte die Lösung sich gestalten?«

ÜBUNG

Ressourcevolle Zustände kreieren

Ambiente: Sorgen Sie dafür, dass Sie sich rundum wohlfühlen, bevor Sie an kreative Aufgaben herangehen. Die Seele muss lächeln. Unter dem Geist der Kreativität ist der Lebensgeist zu verstehen, den Sie einer Sache einhauchen.

Der Fantasie Flügel geben mit der Walt-Disney-Strategie

Schaffen Sie sich vier verschiedene Räume. Diese Räume können tatsächlich vier Zimmer sein, so hat Walt Disney das in seinem wunderbaren Haus gemacht. Sie können aber auch innerhalb eines Zimmers vier Räume abteilen.

- **Raum des Träumers**
  Hier sollte ein schönes Ambiente Sie umgeben, leise Musik unterstützt den Prozess. Sie haben keine Zeitvorgabe. Lassen Sie sich in einen tagtraumähnlichen Zustand gleiten und stellen Sie sich dabei die Frage: Was wäre möglich, wenn alles ginge? Sammeln Sie alle Antworten und spinnen Sie sie immer weiter und weiter. Erst wenn Ihnen gar nichts mehr einfällt, gehen Sie in den nächsten Raum, den Raum des Realisten.

- **Raum des Realisten**
  Hier sollte ein nüchternes, strenges Ambiente vorherrschen. Schalten Sie die Musik aus und begrenzen Sie Ihre Zeit. Gehen Sie jetzt in den Zustand der verstandesorientierten Realistin (Pallas Athene) und geben Sie präzise Antworten auf folgende Fragen:

  – Was sind die Fakten?
  – Was brauchen wir?
  – Wie hoch sind die Kosten?

  Wenn die Zeit des Realisten abgelaufen ist, begeben Sie sich in den Raum des Kritikers.

- **Raum des Kritikers**
  Hier dürfen Sie Ihrer ganzen Destruktivität Ausdruck verleihen – aber nur hier. Was könnten kritische Kunden, Geldgeber etc. an Ihren Ideen auszusetzen haben? Warum geht es ganz bestimmt schief? Schreiben Sie auch dies alles auf, und wenn Ihnen nichts Destruktives mehr einfällt, dann begeben Sie sich in den Meta-Raum.

- **Meta-Raum**
  Von hier haben Sie einen exzellenten Überblick über die erarbeiteten Inhalte der anderen Räume:

  – Im Raum 1 träumen Sie,
  – im Raum 2 realisieren Sie,
  – im Raum 3 kritisieren Sie alles.

  Reflektieren Sie nun alles im Meta-Raum und entwickeln Sie daraus Ihre Strategie.

Und einige abschließende Lebensweisheiten von den Musen

- *»Die wahre Lebenskunst besteht darin, im Alltäglichen das Wunderbare zu sehen.«* PEARL S. BUCK
- *»Die große Freiheit setzt sich aus vielen kleinen Freiheiten zusammen.«* IGNAZIO SILONE
- *»Wenn du ein Schiff bauen willst, dann trommle nicht die Männer zusammen, um Holz zu beschaffen, Aufgaben zu vergeben und die Arbeit einzuteilen, sondern lehre sie die Sehnsucht nach dem weiten, endlosen Meer.«* ANTOINE DE SAINT-EXUPÉRY
- *»Wünsche sind Vorboten unserer Fähigkeiten.«* JOHANN WOLFGANG VON GOETHE
- *»Die Schönheit der Dinge lebt in der Seele dessen, der sie betrachtet.«* DAVID HUME
- *»Wer zum Teufel will Schauspieler sprechen hören?«* HARRY M. WARNER
- *»Wenn wir uns von unseren Träumen leiten lassen, wird der Erfolg alle unsere Erwartungen übertreffen.«* HENRY DAVID THOREAU
- *»Das Interesse ist auf der Erde jener mächtige Zauberer, der in den Augen aller Geschöpfe die Gestalt der Gegenstände verwandelt.«* CLAUDE-ADREIN HELVÉTIUS

Kampfstrategien für den Notfall mit Medea

»Macht ist die Fähigkeit, die eigenen Ziele auch gegen Widerstand durchzusetzen.« MAX WEBER

Frauen und Macht

Selbst wenn Sie bis zu diesem Punkt alles befolgt haben, kann es Ihnen passieren, dass Ihnen jemand einmal sehr unfair kommt und Sie sich zur Wehr setzen müssen. Frauen haben leider noch kein so selbstverständliches Verhältnis zur Macht, wie Männer dies haben. Frauen liegt es bis heute weniger als Männern, sich gegen Widerstand durchzusetzen. Shere Hite schreibt dazu (Hite, S. 16): *»Frauen werden dazu erzogen, zu geben und zu unterstützen. Wenn sie nun versuchen, selbst nach der Macht zu greifen, befürchten sie, ein gefährliches Tabu zu brechen, dafür bestraft und zurückgewiesen und als unweiblich, rücksichtslos, aggressiv oder dominant betrachtet zu werden, eine Angst, von der ihr männliches Pendant im Allgemeinen nicht geplagt wird.«*

Meistens ist es jedoch gar nicht nötig, mit Gewalt zu siegen. Je geschickter Sie eine Verhandlung beginnen, desto weniger Widerstand werden Sie auf der anderen Seite vorfinden. Medea war nicht gewillt, Jason zu unterstützen, ehe er ihr nicht das Eheversprechen gegeben hat. Von Medea können Sie lernen, klare und strukturierte Verhandlungen zu führen und Ihre eigenen Belange durchzusetzen. Folgende Checkliste kann Ihnen dabei helfen:

Tipps zur Verhandlungsführung

1. *Der Verhandlungspartner*
   Wer sind die Beteiligten?
   Wer führt die Verhandlungen?
   Welche Funktionen und Verhandlungskompetenzen haben die Verhandlungspartner?
   Wie beurteile ich meinen Verhandlungspartner?
   Wie beurteilt mein Verhandlungspartner mich?

2. *Beziehungsprobleme – Sachprobleme*
   Besteht die Gefahr, Beziehungs- und Sachebene zu vermischen?
   Wie können Sach- und Beziehungsebene getrennt werden?

Herrscht gegenseitiges Vertrauen, Akzeptanz und Wertschätzung?
Wenn nein, was kann ich tun, um Misstrauen und fehlende Akzeptanz auszuräumen?

3. *Kommunikation*
Gibt es Kommunikationsprobleme? Wenn ja, wo liegen sie und wie können sie ausgeräumt werden?
Gibt es unterschiedliche Vorstellungen über Werte oder Gegenstand, Ziel, Art und Ablauf der Verhandlungen?
Wie kann ich die Vorstellungen der anderen Seite herausfinden?
Welche Emotionen sind im Spiel?
Wie kann ich Emotionalität ansprechen?

4. *Positionen – Interessen*
Hat die andere Seite Position bezogen?
Welche Interessen hat sie?
Welches sind meine eigenen Interessen?
Welche Interessen sind gleich, welche vertragen sich, welche widersprechen sich?

5. *Optionen*
Welche Lösungsmöglichkeiten gibt es?
Welche dieser Lösungsmöglichkeiten werden den Interessen aller Beteiligten am ehesten gerecht?

6. *Legitimität / objektive Kriterien*
Welche Verhandlungsregeln gibt es oder sollte es geben?

7. *Alternativen*
Was ist meine beste Alternative, wenn es zu keinem Verhandlungsergebnis kommt?
Wie kann ich mit der besten Alternative leben?
Was ist die beste Alternative der anderen Seite?

Macht konstruktiv einzusetzen bedeutet, nicht zu drohen oder Druck zu machen, sondern dem Gegenüber die Augen zu öffnen, es zu warnen. Der Unterschied zwischen einer Drohung und einer Ankündigung liegt darin, dass die Drohung subjektiv und feindselig ist. Dagegen ist eine Warnung objektiv und respektvoll. Der Warnende spricht klare Konsequenzen aus, er spricht davon, was geschehen wird, wenn es zu keiner Einigung kommt.

Mit »bösen« Menschen umgehen

Sollten Sie es mit sehr unangenehmen und unfairen Verhandlungspartnern zu tun haben, müssen Sie sich selbst die Erlaubnis geben, zurückzuschlagen und härter zu kämpfen. Erinnern Sie sich an die Stelle des Klassikers Star Wars, in der Skywalker, der junge Held, bei seinem Mentor und Lehrer Joda ist und versucht, ihn davon zu überzeugen, dass doch jeder Mensch etwas »Gutes« in sich tragen müsse? Jodas Antwort darauf ist: »Nein, es gibt auch Menschen, die sind einfach nur böse.« Wenn Sie solchen Menschen begegnen, dann kämpfen Sie mit härteren Bandagen, anstatt in Schönheit und Edelmut zu sterben!

Hier hilft es, wenn Sie sich noch besser vorbereiten, vor allem üben Sie, wie Sie mit großem Widerstand umgehen können. Sie gewinnen solche Verhandlungen dann, wenn Sie sich gut konzentrieren, bei sich sind, und klipp und klar zeigen, was Sie wollen. Vermeiden Sie jede Art von Anteilnahme und Nähe. Ziehen Sie einen gedachten Schutzwall um sich selbst, sodass Sie sich in einer visualisierten und gefühlten Festung befinden. Wenn Ihnen der andere sehr kalt entgegentritt und Sie mit Boshaftigkeiten bombardiert – lassen Sie diesen Schutzwall zu einem gedachten Spiegel werden. Sie werden staunen, was dann passiert.

Und einige abschließende Lebensweisheiten von Medea

- *»Wenn du ein Leben lang glücklich sein willst, liebe deine Arbeit.«* Chinesische Weisheit
- *»Der Mensch ist frei geschaffen, ist frei, und würd' er in Ketten geboren.«* Friedrich Schiller
- *»Mir ist die gefährliche Freiheit lieber als eine ruhige Knechtschaft.«* Jean-Jacques Rousseau

- *»Niemand ist frei, der nicht über sich selbst Herr ist.«*
  MATTHIAS CLAUDIUS
- *»Freiheit wird einem nicht gegeben, man muss sie sich nehmen.«*
  MERET OPPENHEIM
- *»Machen Sie Ihren Anspruch auf das geltend, was Ihnen zusteht. Setzen Sie dazu Ihre vorhandenen Kräfte strategisch ein.«*
  HARRIET RUBIN
- *»Es ist nicht die Aufgabe Ihres Mannes, Ihrer Kinder, Ihres Arbeitgebers, Ihres Chefs, Sie glücklich zu machen. Es ist Ihre eigene.«* BARBARA BIERACH
- *»Das erste Gesetz der Principessa ist, eine Frau zu werden, die Gegensätzliches vereint. Große Krieger verstehen, dass Durchsetzungswille der Verbündete der Liebe, Konfrontation der Verbündete des Friedens und Tapferkeit der Verbündete der Verletzlichkeit ist.«* HARRIET RUBIN
- *»Man bricht sich das Bein selten, solange man im Leben mühsam aufwärts steigt – aber wenn man anfängt, es sich leicht zu machen und die bequemen Wege zu wählen.«*
  FRIEDRICH NIETZSCHE
- *»Wer zur Quelle will, muss gegen den Strom schwimmen.«*
  KONFUZIUS
- *»Der Mensch ist zur Freiheit verurteilt.«*
  JEAN-PAUL SARTRE

Schlusswort

Dieses Jahrhundert gehört Ihnen

In der Zeit, in der Sie nun von Lilith, den griechischen Göttinnen, großen Stars und normalsterblichen Frauen gelesen haben, haben Sie vielleicht eigene Muster erkannt, sich an Situationen erinnert, in denen Sie Ähnliches erlebt haben. Momente, in denen Sie sich schmerzhaft getrennt haben oder unter Schmerzen geblieben sind. Wendepunkte, in denen Sie richtige und gute Entscheidungen für sich getroffen haben. Egal, ob Sie in Ihrer derzeitigen Situation bleiben oder gehen, eines steht fest: Das jetzt beginnende Jahrhundert gehört Ihnen, liebe Leserin. Es gehört Ihnen, weil Sie eine Wahl haben. Sie können sich entscheiden. Sie können entscheiden, zu verharren, Sie können entscheiden, zu gehen, oder Sie können entscheiden, zu kämpfen.

Sie haben die Kraft aller Göttinnen in sich und Sie haben alle Methoden und Waffen, die in diesem Buch beschrieben werden.

Gehen ...

Sollten Sie heute noch in einem Unternehmen arbeiten, in dem Sie mit all Ihren hervorragenden weiblichen Eigenschaften, mit Ihren integrierenden, ganzheitlichen und idealistischen Fähigkeiten und Neigungen nicht wertgeschätzt werden – dann entscheiden Sie sich, zu gehen. Suchen Sie sich ein Umfeld, in dem das, was Sie können, was Sie dieser Welt zu bieten haben, anerkannt und erwünscht ist. Es gibt inzwischen genügend Firmen, die Sie schätzen werden – und wenn keine in Ihrer Nähe liegt, dann gründen Sie Ihre eigene.

Die Zeit, die Entwicklung und vor allem die Sehnsucht aller Menschen nach einer besseren Welt, jenseits von narzisstischen Machtstrukturen, sind auf der Seite aller mutigen Frauen.

... oder Bleiben

Aber wenn Sie das Gefühl haben, dass Sie dort, wo Sie gerade sind, noch etwas bewegen können, und sei es, männliche Kollegen und Vorgesetzte, die den neuen Geist noch nicht leben, für eine ganzheitlichere und menschlichere Einsicht zu gewinnen, dann bleiben Sie. Aber bleiben Sie nur dann, wenn Sie eine reale Chance dafür sehen, diesen Quantensprung zu schaffen, ohne dabei die eigene Seele zu verlieren.

Wie Sie sich auch entscheiden, entscheiden Sie sich für sich selbst. Sie haben eine echte Chance – und Sie haben sie verdient.

Alles nur erdenklich Gute wünscht Ihnen

Ihre *Susanne Kleinhenz*

Literaturverzeichnis

Baur, Eva Gesine: *Göttinnen des Jahrhunderts. 26 Porträts*. Berlin: Ullstein, 2001

Die Bibel oder Die Heilige Schrift des Alten und Neuen Testaments nach der Übersetzung Martin Luthers. Stuttgart: Württembergische Bibelanstalt, 1968

Bierach, Barbara: *Das dämliche Geschlecht*. München: Piper Verlag, 2004

Birkenbihl, Vera: *Der Birkenbihl Power-Tag*. Landsberg am Lech: mvg-verlag, 1998

Birkenbihl, Vera: *Kommunikationstraining*. Landsberg am Lech: mvg-verlag, 1996

Birkenbihl, Vera: *Fragetechnik schnell trainiert*. Landsberg am Lech: mvg-verlag, 1995

Birkenbihl, Vera: *Der persönliche Erfolg*. Landsberg am Lech: mvg-verlag, 1995

Bischof, Anita und Klaus: *Selbstmanagement*. Planegg: Haufe Verlag, 2001

Berne, Eric: *Spiele der Erwachsenen*. Reinbek bei Hamburg: Rowohlt Taschenbuch Verlag, 1997

Brecht, Bertolt: *Die Gedichte*. Frankfurt am Main: Suhrkamp Verlag, 1981

Brown, Dan: *Sakrileg*. Bergisch Gladbach: Verlagsgruppe Lübbe, 2006

Cameron, Julia: *Der Weg des Künstlers*. München: Droemersche Verlagsanstalt Th. Knaur Nachf., 2000

Dommermuth-Gudrich, Gerold: *50 Klassiker. Mythen. Die bekanntesten Mythen der griechischen Antike*. Hildesheim: Gerstenberg Verlag, 2000

Fisher, Roger / Ury, William / Patton, Bruce: *Das Harvard-Konzept*. Frankfurt am Main / New York: Campus Verlag, 1996

Freud, Sigmund: *Das Ich und das Es. Metapsychologische Schriften*. Frankfurt am Main: S. Fischer Verlag, 1992

Fromm, Erich: *Die Kunst des Liebens*. Frankfurt am Main / Berlin: Ullstein, 1995

Gelfert, Hans-Dieter: *Hundert englische Gedichte*. München: Deutscher Taschenbuch Verlag, 2000

Gibran, Khalil: *Der Prophet*. Freiburg im Breisgau: Herder spektrum, 2002

Gray, John: *Männer sind anders. Frauen auch. Männer sind vom Mars. Frauen von der Venus*. München: Wilhelm Goldmann Verlag, 1998

Häusel, Hans-Georg: *Brain Script. Warum Kunden kaufen*. Planegg/ München: Rudolf Haufe Verlag, 2006

Hesse, Hermann: *Die Gedichte 1892–1962*. Frankfurt am Main: Suhrkamp Verlag, 1977

Hite, Shere: *Sex & Business*. München: Pearson Education Deutschland GmbH, 2000

Höhler, Gertrud: *Wölfin unter Wölfen*. München: Ullstein Taschenbuchverlag, 2002

Jacobi, Jolande: *Die Psychologie von C. G. Jung*. Frankfurt am Main: S. Fischer Verlag, 2001

Jacobi, Jolande / von Franz, Marie-Louise / Henderson, Joseph / Jaffé, Aniela: *Der Mensch und seine Symbole*. Zürich / Düsseldorf: Walter Verlag, 1968

Jordan, Michael: *Mythen der Welt*. Bern, München, Wien: Otto Wilhelm Barth Verlag, 1997

Jung, Carl Gustav: *Die Beziehungen zwischen dem Ich und dem Unbewussten*. Deutscher Taschenbuch Verlag, 2001

Jung, Carl Gustav: *Typologie*. München: Deutscher Taschenbuch Verlag, 1990

Jung, Carl Gustav: *Archetypen*. München: Deutscher Taschenbuch Verlag, 1990

Kast, Bas: *Die Liebe, und wie sich Leidenschaft erklärt*. Frankfurt am Main: S. Fischer Verlag, 2004

Maaz, Hans-Joachim: *Der Lilith-Komplex. Die dunklen Seiten der Mütterlichkeit*. München: C. H. Beck, 2005

Mahler, Margaret S. / Pine, Fred / Bergmann, Annie: *Die psychische Geburt des Menschen. Symbiose und Individuation*. Frankfurt am Main: Fischer Taschenbuch Verlag, 1980

Molcho, Samy: *Körpersprache im Beruf*. München: Mosaik Verlag, 1996
Molcho, Samy: *Alles über Körpersprache*. München: Mosaik Verlag, 1995
Onken, Julia: *Vatermänner. Ein Bericht über die Vater-Tochter-Beziehung und ihren Einfluss auf die Partnerschaft*. München: C. H. Beck, 1993
Ovid: *Metamorphosen. Das Buch der Mythen und Verwandlungen*. Düsseldorf: Albatros Verlag, 2005
Peter, Rita: *Die großen Frauen, 100 Lebensbilder*. München: Pattloch Verlag, 2001
Philip, Neil: *Mythen visuell*. Hildesheim: Gerstenberg Verlag, 1999
Ranke-Graves, Robert: *Griechische Mythologie. Quellen und Deutung*. Reinbek bei Hamburg: Rowohlt Taschenbuch Verlag, 1986
Reichel, Gerhard: *Zitate, Pointen, Geistesblitze*. Forchheim: Brigitte Reichel Verlag, 1995
Riemann, Fritz: *Grundformen der Angst*. München: Ernst Reinhardt, 1961
Rilke, Rainer Maria: *Ausgewählte Gedichte*. Frankfurt am Main: Suhrkamp Verlag, 1966
Robbins, Anthony: *Das Robbins Power Prinzip*. München: Wilhelm Heyne Verlag, 1994
Roger, Fisher / Ertel, Danny: *Arbeitsbuch verhandeln*. Frankfurt am Main, New York: Campus Verlag, 1997
Roger, Fisher / Brown, Scott: *Gute Beziehungen*. München: Wilhelm Heyne, 1989
Rubin, Harriet: *Machiavelli für Frauen*. Frankfurt am Main: Fischer Taschenbuch Verlag, 2000
Schmidt-Dubro, Eckkhard: *Urkraft Eros, Faszination griechischer Mythos*. Brensbach: Satyr-Verlag, 1998
Schwanitz, Dietrich: *Männer. Eine Spezies wird besichtigt*. München: Goldmann, 2003
Sichtermann, Barbara: *50 Klassiker. Frauen. Die berühmtesten Frauengestalten*. Hildesheim: Gerstenberg Verlag, 2000
Sichtermann, Barbara: *50 Klassiker. Paare. Die berühmtesten Liebespaare*. Hildesheim: Gerstenberg Verlag, 2000
Steiner, Claude: *Wie man Lebenspläne verändert*. München: Deutscher Taschenbuch Verlag, 1992
Wilber, Ken: *Eine kurze Geschichte des Kosmos*. Frankfurt am Main: S. Fischer Verlag, 1997
Zinsem, Vera: *Lilith, Adams erste Frau*. Tübingen: Klöpfer und Meyer Verlag, 1999

Stichwortverzeichnis

Über die Autorin

Susanne Kleinhenz ist Trainerin aus Leidenschaft. Sie leitet ein Seminarzentrum für Persönlichkeits-, Kommunikations- und Leadership-Trainings für Führungskräfte der Dienstleistungsbranche. Ihre Karriere startete sie mit einer Ausbildung zur Versicherungskauffrau. Danach nahm sie sich den Grundsatz »Lebenslanges Lernen« zu Herzen. Ihr Streben nach Wissen verbunden mit der Neugierde, Neues auszuprobieren, ließ sie diverse Aus- und Fortbildungen durchlaufen, unter anderem zu Marketing, Psychologie und integralem Coaching. Das Erlernte entwickelte sie zu außergewöhnlichen Methoden des Persönlichkeitstrainings weiter. Ihr Schwerpunkt liegt in der Erarbeitung und Durchführung individueller Trainingsansätze, sei es im Charisma-Training mit Pferden oder im Einsatz der Theaterarbeit bei Team- und Changeprozessen.

Durch ihre langjährige Tätigkeit in einem männerdominierten Berufsumfeld kennt sie die Themen der Frauen in dieser harten Karrierewelt. Ihr Anliegen ist es, Frauen zu bemächtigen, alle

Chancen zu ergreifen und diese Businesswelt in eine ganzheitlichere und weiblichere zu verwandeln. Sie glaubt fest daran, dass eine Zeit des Wandels angebrochen ist und dieses Jahrhundert den Frauen die Möglichkeit gibt, alles zu erreichen, was sie sich wünschen: Familie, Partnerschaft, Karriere oder alles zusammen. Und das, ohne nur einen Deut ihrer Weiblichkeit aufgeben zu müssen.

www.susanne-kleinhenz.de

GABAL **Business-Bücher für Erfolg und Karriere**

Erfolgreiche Teamarbeit
220 Seiten
ISBN 978-3-89749-585-2

Wenn die anderen das Problem sind
218 Seiten
ISBN 978-3-89749-586-9

Methodenkoffer Führung und Zusammenarbeit
350 Seiten
ISBN 978-3-89749-587-6

Methodenkoffer Persönlichkeitsentwicklung
350 Seiten
ISBN 978-3-89749-672-9

Das Leuchtturm-Prinzip
184 Seiten
ISBN 978-3-89749-627-9

Der Omega-Faulpelz
144 Seiten
ISBN 978-3-89749-628-6

Projektmanagement
208 Seiten
ISBN 978-3-89749-629-3

Soft Skills für Young Professionals
648 Seiten
ISBN 978-3-89749-630-9

Vertrauen und Führung
160 Seiten
ISBN 978-3-89749-670-5

5 coole Ideen
140 Seiten
ISBN 978-3-89749-671-2

Small Talk von A bis Z
160 Seiten
ISBN 978-3-89749-673-6

Toolbox Business-Kommunikation
140 Seiten
ISBN 978-3-89749-674-3

Informationen über weitere Titel unseres Verlagsprogrammes erhalten Sie in Ihrer Buchhandlung, unter **info@gabal-verlag.de** oder **www.gabal-shop.de.**

6-062

GABAL

Günter, der innere Schweinehund

Günter, der innere Schweinehund
224 Seiten
ISBN 978-3-89749-457-2

Günter, der innere Schweinehund, für Schüler
232 Seiten
Lesealter: ab ca. 10 Jahren
ISBN 978-3-89749-583-8

Günter, der innere Schweinehund, wird Nichtraucher
216 Seiten
ISBN 978-3-89749-625-5

Günter, der innere Schweinehund, wird schlank
216 Seiten
ISBN 978-3-89749-584-5

Günter lernt verkaufen
216 Seiten
ISBN 978-3-89749-501-2

Günter, der innere Schweinehund, lernt flirten
200 Seiten
ISBN 978-3-89749-665-1

Informationen über weitere Titel unseres Verlagsprogrammes
erhalten Sie in Ihrer Buchhandlung, unter **info@gabal-verlag.de**
oder **www.gabal-shop.de.**

6-066